打造**爬蟲類、兩棲類**的
專屬生態缸

川添宣廣／攝影・著
松園 純／監修
黃筱涵／譯

CONTENTS

VIVARIUM
for Reptiles & Amphibians

What's a Vivarium
·
什麼是生態缸？

爬蟲類與兩棲類的棲息環境依種類而異，非常多元，因此必須依飼養的物種來布置環境。例如：用聚光燈或含紫外線的日光燈來代替陽光照射、飼養樹棲種時要配置植物或樹枝等等。生態缸即是指這類還原自然環境的飼養空間。請各位千萬別忘記生態缸的主要目的，是要維持植物與動物的健康，可不是單純將局部的叢林搬回自家而已。

植物能夠順利生長的環境，對動物來說也是很好的環境。反過來說，植物可以說是飼養環境品質的重要指標之一。

還原非洲南部乾燥大地的生態缸，飼養了棲息在該地區的陸龜與植物。

所有生物都需要攝取水分，就連棲息在乾燥地區的物種，也必須設置水池或飲水處。

所有生物都需要水

　　飼養爬蟲類、兩棲類時，應學習的第一大重點就是水分供給。

　　植物會從根部吸收水分，再藉光合作用從葉片蒸散出來。蛙類則是從皮膚吸收水分，在體內運用完這些水分後，再排泄出多餘的部分。就連棲息在乾燥地區的蜥蜴，也需要水分才能夠存活。儘管牠們生存在缺水的嚴酷環境，仍會透過獨特的方法使身體獲取水分後再排泄掉。

　　從動物身上排出的多餘水分，會滲入土壤中或隨著河川流動，並慢慢蒸發形成雨霧，再次滋潤大地上的萬物。生態缸指的是「盡可能還原生物棲息環境的飼養箱」，但將其設置在室內時，可想而知已經隔絕了大部分的野生條件，包括太陽的光與熱、風、土壤中的微生物等，這時就必須準備替代物品。

　　倘若飼主無法依爬蟲類、兩棲類或植物各自所需備妥必需的要素時，牠們將無法順利存活。

【大自然下】	【生態缸中】
太陽光	照明設備（日光燈或爬蟲類專用燈）
太陽熱	保暖設備（聚光燈或加溫設備等）
雨	噴霧設備
河川或水池	裝水的容器（水池）
水流	水中馬達等
風	小型風扇等
土	底材
食物	餌料（昆蟲或人工餌料等）
排泄物的分解	清掃或由底材等的土壤細菌分解

溫度也是關鍵要素

　　溫度是與水同等重要的要素，無論供應多麼乾淨的水，當環境冷到水要結凍的程度時，

幾乎沒有爬蟲類與兩棲類活得下去，過度高溫時亦同，為此，必須維持飼養動物需要的氣溫與水溫才能夠養得好。雖然各物種在生態缸的必須溫度（可以承受的數值）多少有些差異，但是只要按照原本的棲息環境來布置，幾乎所有爬蟲類、兩棲類與植物都能夠在同一個環境內生存。

除了水與溫度以外，其他飼養環境中的必備要素則依物種而五花八門。有些動物沒有沙子可潛伏就長不好、有些可吃的餌料有限、有些則需要高溫乾燥的環境，所以請依飼養的種類備妥適當的環境吧！

用「飼養生態缸」的感覺照料

飼養箭毒蛙或變色龍等物種的時候，有個叫做「養環境」的術語。這是因為生態缸整體狀態好的話，植物與生物都能夠順利成長的關係。也就是說，在管理生態缸時，不能只將眼光放在動物身上，必須綜觀整體狀況才行。整頓好生態缸的另一大優點，是「較易看出飼養動物的狀況」。有些動物難以看出是否極端變瘦或是動作變遲緩，但是只要注意到植物枯萎、平常的田園香氣變臭了等生態缸所發出的警訊，就可以得知動物身處的飼養環境正在惡化。如此一來，就算看不出動物本身的變化，仍可將此視為其健康狀態的指標。

依環境分類的飼養方法

有些書會依物種類別來分別解說飼養方法，例如：龜類的飼養法、蜥蜴的飼養法等，但是也有一些不同的物種所需的環境幾乎相同。比方說，生活在溼潤森林中的生物，就算棲息在不同大陸，布置出來的飼養環境也幾乎相同。棲息地為南美的箭毒蛙，其生態缸還可以混養馬達加斯加的平尾虎，此外，整體環境也與非洲大陸原產的傑克森變色龍、東南亞的冠蜥相同。因此，在為大部分爬蟲類與兩棲類規劃生態缸時，會以原生環境為主軸去思考而

森林樹蛙會在水池上製作白色泡沫型卵塊後產卵，孵化的蝌蚪會掉進池中繼續生長。由此可知，水對牠們的繁殖來說很重要。

棲息在乾燥草原的猴樹蛙，會在身體塗滿自己所分泌的蠟，將水分蒸發降到最低。

非動物種類，選擇植物時亦會採用相同的思維。

後面會將爬蟲類與兩棲類的生活環境分成4大類來做介紹。

靜佇在蟻塚上的變色樹蜥（斯里蘭卡），飼養時須在生態缸中配置可牢牢抓住的場所。

森林中有著各種環境，有明暗差異，也有植物疏密的差異。只要到鄰近的山林裡仔細觀察，就能夠獲得打造生態缸的靈感。

棲息在乾燥岩石區的刺尾岩蜥，打造出以岩石組成的生態缸，養起來會比較穩定。

熱帶雨林環境

　　請各位想像一座叢林，有時會發生伴隨著驟雨的強陣風，這裡植物茂密，即使有乾季和雨季之分，整座森林還是會保有一定的溼潤。每次經過強陣風與驟雨後，地面就會又溼又凌亂，但是開闊場所的地面或是有陽光直射的樹上等，在部分時段會相當乾燥，整體環境兼具高溼度與高通風性。這種叢林的植物葉片間、樹洞與陰影處等，隨時都有乾淨的水窪，因此棲息於此處的動物幾乎不需要煩惱水源問題。在打造這種環境時，最大的難關就是保有「通風性」。箭毒蛙的生態缸通常會使用網蓋，或是上面（蓋子）與前面局部呈網狀等，雖然肉眼看不見差異，但是這樣的環境確實能夠保有空氣流通。此外，也應盡可能挑選寬一點或是側面設有網片的專用飼養箱，強化整體飼養環境的通風性。在溼度保持方面，則應設置較多的土壤與植物，或是擺放較寬敞的水容器、搭配噴霧等。棲息在昏暗森林地面的物種，通常不太喜歡強光，棲息在林木上方的物種，則需要更劇烈的日夜溫差，最好能夠搭配含紫外線的日光燈。

乾燥地區環境

　　沙漠與砂礫地區同樣有許多爬蟲類棲息，這些動物為了在嚴酷的環境中躲避強烈日曬，白天通常都會躲在自己挖的地洞中或岩石陰影處等避暑。儘管降雨量極少，動物仍必須攝取水分，牠們會從朝露或獵物身上取得需要的水分。由於這種環境的植物很稀疏，所以布置生態缸時通常也不適合種植植物，不過有些愛好者會選擇多肉植物或仙人掌等，來打造出乾燥地區特有的風情。無論如何，都請別忘了放置水容器。

半乾燥地區環境

　　在日本這種四季分明的溫帶地區所棲息的爬蟲類與兩棲類，不僅生態缸很好製作，連物種也以強壯健康的居多。但是其中有很多品種在野生的狀態下有冬眠習性，因此在飼養時，每逢冬季就加溫保暖，養出來的個體會比較漂

雨　　　蒸發

排泄、分解　　吸水

水的循環

亮。此外，生態缸內也必須備有溫度與光線條件各異的位置，例如：局部乾燥、局部潮溼，局部明亮、局部昏暗等。

河川、水池與沼澤環境

熱帶魚缸通常都會還原海底景觀，亦屬於生態缸的一種。爬蟲類與兩棲類中也有很多物種棲息在水裡，但是牠們與熱帶魚不一樣，生態缸中的植物可能會讓牠們感到不舒服，或是遭連根拔起、吃掉，所以打造爬蟲類與兩棲類的生態缸時，不太適合種植水草，水草缸只適合特定種類的爬蟲類與兩棲類，例如：麝香龜等小型水棲龜與其幼龜、蠑螈、山椒魚等，就連蛙類也只適合養小型種。此外，未加蓋的生態缸容易發生動物逃走的情況。

這種水量較多的生態缸，必須格外重視水的清潔。動物在自然環境下，即使排泄於水中也很快就會被沖掉、淨化，但是缸內的水卻無法如此，而且往往也是動物們的飲用水，所以建議設置過濾設備或是勤加更換。水溫管理方面，只要安裝觀賞魚專用的水中加熱器或自動調溫器，就可以輕易地調節。

為半水棲種打造環境時的一大關鍵，就是水溫與氣溫不能有太明顯的落差。有飼主冬天時藉水中加熱器維持水中溫暖，但是地面空氣仍很冰冷，這麼做反而會使動物的健康出問題。因此，要不就是地面與水中都要設置保暖設備，要不就是直接以空調做好溫度管理。

打造生態缸

●

讓蠑螈能夠玩水的熱帶雨林缸

熱帶雨林缸是生態缸的一種，布置上以植物為主體。不一定要飼養蛙類或蠑螈等動物，只要種有大量的植物，就可稱為熱帶雨林缸。種類五花八門的熱帶雨林缸很受歡迎，有在開放式的箱中種植超出箱子的樹木或植物的，也有在小玻璃瓶等容器中種植苔類或蕨類植物的，組合變化相當豐富。本書將以爬蟲類與兩棲類的飼養環境為主軸，打造出兼顧植物育成與動物飼養的熱帶雨林缸。這裡的主題是「適合蠑螈玩水的沼澤」，右側為瀑布，左側為小山丘，正中央則是開放空間。

這裡要依序介紹熱帶雨林缸的基本製作流程。布置好之後，植物會隨著時間流逝而長大，形塑出具有明暗差異的空間，想必也會慢慢出現不適合內部空間的植物吧？屆時再加以修剪即可。依飼養動物的狀態隨時調整布置，也是將動物養在熱帶雨林缸時的一大樂趣。蕨類孢子會四處散布，不知不覺間，缸內就會布滿蕨類植物，這種每天都有一點變化的特性，讓飼養過程充滿驚喜。

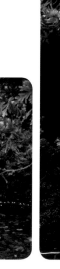

製 作 方 法

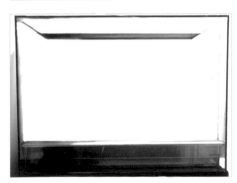

1 先決定好生態缸的擺放位置。這次使用的是熱帶雨林缸專用箱（60×30×45h ㎝），先拆下前面的玻璃門以利製作。

3 背面使用了熱帶雨林缸專用的產品（EpiWeb），這是可回收的塑膠材質，防水性強且易於加工。不僅能讓苔類輕易附生，含水時還會呈現出石紋般的外觀，為缸內增添氣氛。

4 對準背面後暫時固定住，再開始微調尺寸。

2 將電鑽裝上圓穴鋸（電鑽的零件，專門用來開孔），在頂部的網板鑽洞，以供水中馬達的電線穿過。洞的直徑為 25㎜。

5 用矽利康將其黏在熱帶雨林缸的背面，矽利康與矽利康槍都可以從五金行等處購得。

6 剪一小片網子（盆栽底網等等）遮住熱帶雨林缸的排水孔，防止泥沙流出。

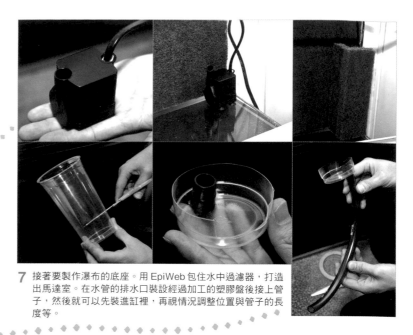

7 接著要製作瀑布的底座。用 EpiWeb 包住水中過濾器，打造出馬達室。在水管的排水口裝設經過加工的塑膠盤後接上管子，然後就可以先裝進缸裡，再視情況調整位置與管子的長度等。

8 微調完畢後就可以黏上去了。過濾器裝上內徑12㎜、外徑16㎜的水管之後，就成了抽水設備。馬達室應以熱熔膠確實黏好，與玻璃面的黏著則交給矽利康。

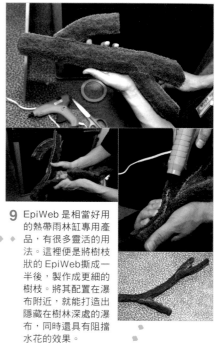

9 EpiWeb 是相當好用的熱帶雨林缸專用產品，有很多靈活的用法。這裡便是將樹枝狀的 EpiWeb 撕成一半後，製作成更細的樹枝。將其配置在瀑布附近，就能打造出隱藏在樹林深處的瀑布，同時還具有阻擋水花的效果。

10 用熱熔膠黏上熔岩石，這種輕盈且表面凹凸明顯的熔岩石，很適合搭配 EpiWeb 使用。

11 岩石不要直接擺在玻璃上，中間要鋪設 EpiWeb，才會比較穩固。

12 瀑布的出水口也像蓋子一樣擺上熔岩石，遮擋管子與塑膠盤。

13 左側的小山丘、右側的瀑布與中央的開放式空間都完成了。再來要靜置8小時至1日，等矽利康乾掉。確定矽利康凝固後，就可以倒水啟動馬達試試看，確認整體水流狀況。

14 這是吸水性極佳的熱帶雨林缸專用墊 HYGROLON，是尼龍纖維材質，能夠將溼氣帶到水流不到的地方，可以用熱熔膠黏著。這次的生態缸是要藉由手動噴霧來補充溼氣，我們將 HYGROLON 擺在要設置苔類與植物的地方。如果不是要用手動噴霧的話，則會在背面上側配管，使水能夠流到所有位置，或是裝設噴霧系統。

15 將準備好的苔類從包裝中取出攤開，並剪掉多餘的部分。

16 用很方便的熱帶雨林缸專用夾固定住。這裡要將強壯好照顧的絹蘚配置在背面上側。除了絹蘚外，也可以選擇羽苔或大灰苔。

17 大灰苔能夠長得很茂密，比絹蘚更容易出現立體感，所以配置在背面的下側以打造出層次感。

18 將絹蘚埋進縫隙間，把爪哇莫絲配置在瀑布底部。另外也在瀑布附近設置梨蒴珠苔，塑造出視覺焦點。

19 密葉卷柏也製造出視覺焦點。

20 接著種植蕨類與其他植物，同樣用熱帶雨林缸專用夾固定。瀑布上方為長柄鳳尾蕨。屬於攀緣植物的越橘葉蔓榕同樣適合熱帶雨林缸，這種植物順利生長時會變得很茂密。水耕型的松屬植物則散發出強烈的存在感。

21 朝著整個空間平均噴霧，讓植物狀況穩定
下來。雖然都是綠色，卻有深淺之分。

22 底座與植栽宣告完成，接著只要再布置砂礫、水、日光燈與風扇即可。

23 先排掉混了雜質的水。

24 這裡使用了觀賞魚專用的砂礫，會先清洗乾淨再
放進去。

25 再次倒水進去後，就可以把玻璃門裝回去。上方設置的風扇可避免
溼氣讓玻璃面霧濛濛的，還能將空氣排出箱外，插上電源即大功告
成！整個環境塵埃落定後，就可以讓居民——蠑螈入住囉！

打造生態缸
●
箭毒蛙

一聽到要打造還原棲息環境的生態缸，相信很多人都會聯想到箭毒蛙吧？這種蛙的體色屬於警戒色，幾乎所有品種都呈鮮艷的原色，是非常適合穿梭於大片綠意中的叢林居民。現在市面上能夠輕易買到極小的昆蟲當餌，也售有附專用排水管、噴霧嘴裝設口的專用箱，使其成為最容易飼養的蛙類之一。這邊要介紹的，是以繁殖為目標的箭毒蛙生態缸。

箭毒蛙的故鄉——巴拿馬的一景，水對蛙類來說非常重要，所以必須在生態缸內設置代替小河與水窪的水容器。

綠色箭毒蛙「迷彩細點綠」，是個性活潑的品種。

網紋箭毒蛙。飼養小型種時，以上面這樣的
生態缸就足以飼育與繁殖了。

紅背箭毒蛙。強烈的紅色在綠意
為主的環境中相當搶眼，因此體
型雖小，存在感卻不容小覷。

製 作 方 法

1 用矽利康將碳化橡樹板（厚度切半，尺寸依箱子的背面為準）黏在專用箱（自然通風式／32×32×32h ㎝）的背面與兩側。

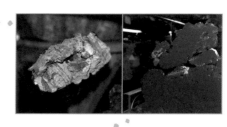

2 橡樹片之間也以矽利康黏起來，等充分乾燥後再進行下一步。

3 用盆栽底網蓋住排水孔，避免排水管堵塞。

4 考量到底部需有良好的排水性，使用了以水清洗過的輕石。

5 在輕石上方鋪設土壤，這裡使用的是不含肥料的土。

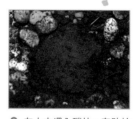

6 在土中埋入碳片，有助於吸附異味並達到淨化的效果。

7 排好碳片，擺上板岩，打造出讓箭毒蛙躲起的空間。

8 這裡將箭毒蛙的家設成兩層樓，宛如公寓一樣。

9 此處沒有使用黏著劑，僅讓碳片與板岩相疊。只要擺得夠穩，就不用黏起來。

10 左後方是公寓型的遮蔽物，頂樓的塑膠罐是產卵場所。

11 水池為必備條件。建議將水容器放在前方，平常會比較容易整理。

12 鋪好苔類後氣氛有了大幅的改變，這樣的配置讓水容器可以隨時更換位置。

13 配置天南星科的藤蔓植物，期待日後出現枝葉交纏的景色。

14 二樓也設有產卵場所。

15 公寓上方夾在橡樹板之間的是心葉蔓綠絨。種植物的關鍵之一，就是要想像生長後的模樣。

16 這個噴霧嘴會製造出代替強風驟雨的霧氣，有些專用箱本身就配置可裝設噴嘴的孔。

18 噴霧系統正在運作。要確認系統是否正常運作，並調整噴嘴的角度。這裡為了方便攝影，拆掉了前面的滑門。

17 各區域都布置苔類與家裡現成的植物（也可以用後院或盆栽裡生長的），只要環境符合植物的生長條件，都有機會在箱中不斷成長。

19 大功告成！這就是繁殖箭毒蛙專用的生態缸。用板岩打造出公寓的門。以這個尺寸來說，能夠飼養5隻小型種或1對中型種。

打造生態缸
•
箭毒蛙②

這裡要介紹的同樣是箭毒蛙的生態缸，雖然使用一樣的專用箱，卻能夠打造出不同的視覺效果。接下來要做的生態缸，會以樹枝沉木為主軸。考量到植物的生長需求，布置的植物量比較少。製作時的一大訣竅在於「別急著一開始就完全定案」，如此一來，製作途中與完工後都還能隨時調整。畢竟生態缸就是一種隨著時間流逝，會演變出不同風貌的東西。

巴拿馬的一景。地面岩石都受苔類覆蓋，倒地的樹枝、林蔭與縫隙間均可窺見茂盛的植物，這些植物既是箭毒蛙的最佳遮蔽物，也是牠們的繁殖場所。

有些植物和苔類會自己長出來，帶來無限驚喜。

還沒修整過植物的生態缸。生態缸的管理方式因人而異，要不要修剪全憑個人想法。

曼蛙也能夠棲息在這樣的環境裡。

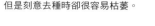

蕨類植物也是一種很容易自己長出來的植物，但是刻意去種時卻很容易枯萎。

製 作 方 法

1 用矽利康將碳化橡樹板貼在背面，並將橡樹片貼在左右牆上，等矽利康乾燥後再擺入輕石。

2 放入主要的樹枝沉木。邊想像植物種植後的狀態，邊試擺在各個角度與位置。

3 配置植物。這裡用的是吊蘭類、榕屬植物與莧科植物，將根部種入土壤，日後就會沿著牆面或橡樹板生長。

4 以誘導的方式將植物纏在素材上，期待日後能夠沿著樹枝與橡樹板生長。

5 用盆栽專用夾等夾住想固定的部位。考量到植物可能會枯萎，這裡同時種了榕屬植物與莧科植物。

6 依整體均衡感與對植物生長的預測，調整植物的位置。其餘空間則布置苔類與水容器。

7 設置好噴霧嘴後啟動，最後再調整角度即大功告成。

箭毒蛙棲息地巴拿馬的一景，到處都是很適合打造成生態缸的景色。

叢林流出的瀑布，從水量之多可以看出森林土壤中含有大量的水分。

森林裡的模樣，大型枯葉對箭毒蛙來說是非常好的產卵場所。

叢林中的淙淙流水，這一帶有許多蛙類棲息。

叢林中的緩流小河。打造生態缸時，也應像這樣隨時提供乾淨的水。

延伸至水面的樹枝上，長有許多鳳梨科植物。

打造生態缸
●
水質清澈的生態缸

日本是擁有豐富自然資源的國度，非常符合山明水秀這個成語。雖然經歷過自古以來的森林砍伐、近年來的環境破壞與開發的摧殘，這個狹窄的島國仍然擁有險峻優美的山脈，以及山毛櫸樹林等自然樹林，從這些場所流出的水潔淨至極。

在某座山的山頂一帶找到的河川源頭。這裡有遼闊的山毛櫸樹林，從樹林地面冒出的清水會流向大河。棲息在這類場所的是山椒魚，這種動物屬於兩棲類，是不能飼養的保育類，也是足以代表日本的生物。

製 作 方 法

1 一開始先盡可能想像出具體的配置。這邊打算讓水從左上的後方滴出,朝著前方中央匯聚成清水,右側則配置開放的場所。因此第一步便設置水中馬達,並用輕石或缽底石堆疊出地形。為了盡量減輕重量,再加上輕石很容易浮在水面上,所以這裡將石頭裝進網中。

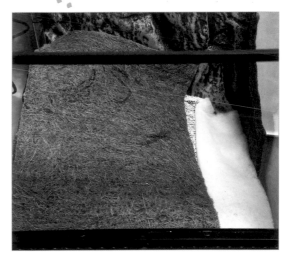

2 剪下一部分椰子纖維墊,夾在側面與輕石網袋之間遮掩,剩下的從上方蓋住,不夠的部分就用過濾棉蓋住。除了椰子纖維墊之外,也可以使用「可種植君」(植える君)或「EpiWeb」等產品。

3 依水流條件選好沉木後，先找位置暫放。這邊想讓水沿著沉木流下，所以倒水確認
是否會依預測方向流動。接著在周邊擺放岩石，固定住沉木。

4 整個表面鋪好羽苔或大
灰苔，連縫隙都不能放
過。為了避免飼養的動
物跑到馬達或是輕石網
袋的縫隙，必須徹底填
滿每一處。另外，也可
視情況使用盆栽底網。

5 配置植物時，要先將根部連同土壤一起用苔類包
覆起來，才能夠避免土壤流失。這裡配置的是萬
年松、常春藤鱗果星蕨與線蕨等。

6 種滿苔類與蕨類。

萬年松　　　　　線蕨　　　　　　　　　梨蒴珠苔　　　　脈羊耳蘭

7 本來是不必要的步驟，但在這裡
自然地撒上落葉與枯枝來營造氣
氛。明明在日常維護環境時都會
清掉枯萎的植物，之所以刻意放
入是為了更貼近自然環境。只在
前方岩石區撒上少許即可，不要
擺在苔類上。這些枯葉與枯枝對
飼養的動物來說，可以成為很好
的遮蔽物。

8 大功告成！看起來是不是很適合飼養棲息在溪流的生物呢？非日本產的山椒魚、日本的塔氏林蛙和
小型樹蛙等應該會很喜歡吧。平常可以視植物的生長狀況修剪，或是自由地增設。

打造生態缸
●
藉鋁框自由設計喜歡的尺寸

雖然比較花時間，但是很多生態缸愛好者都會從箱子開始自
行製作。自製外箱不僅可以享受製作的樂趣，還能夠打造出
符合需求的箱子，非常建議大家試試看。

DATA
箱子　自製／120×60×55(h)cm
材料　鋁框、上面＋前面的澆鑄型壓克力板、底面＋側面＋背面的擠出型壓克力板
過濾　排水管＋噴霧（供水）
底材　輕石（最下層）＋腐葉土／泥炭土／黑土／鹿沼土／赤玉土
照明　熱帶魚專用日光燈40W×4支
動物　藍箭毒蛙
植物　砂蘚／大灰苔／萬年苔科植物／大簇苔／檜葉金髮蘚／數種蕨類／數種蘭類
歷時　布置好至今6個月
構想　獨自製作出120cm以上的生態缸，且要在前方保有寬敞的空間
管理　每天5次，每次噴霧設備會啟動5分鐘（自動調溫器管理）

布滿苔類的日本樹林，豐
富的苔蘚覆蓋了林地、路
倒樹與岩石等，宛如鋪設
了綠色地毯般。

布置後6個月的狀態，可以看見蕨類長得很茂盛，
整個生態缸洋溢著鬱鬱蒼蒼的氛圍。

製 作 方 法

1 用鋁框製作出骨架，再用矽利康黏上壓克力板後壓緊。

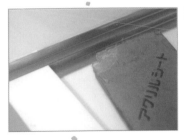

2 根據後續要製作的
進氣口寬度，事前
裁好前板。疊高前
方底板，以增加美
觀程度。

3 製作前面。這裡使用的都是壓克
力，所以能夠輕易地黏接起來。
接著貼上填縫用的膠帶。

4 鋁框外露也沒關係，不過這次還是決定要藏起來。

5 放至隔天，等填縫劑乾了以後，就製作前面的進氣口。首先用矽利康固定住鋁製軌道。

6 將鋁製網板裁成適當的尺寸，邊端則用銼刀磨平。

9 用矽利康黏上鋁製網板，等凝固後再用美工刀修飾。

8 用矽利康黏好上方的軌道。夾鉗派上用場的機會很多，建議多準備幾支。

7 用銼刀打磨邊角，使其能夠剛好吻合邊框。用銼刀磨出來的尺寸，會比裁切更精準。

10 接下來是內裝作業。順帶一提，裝設日光燈的上面，使用的是澆鑄型壓克力板。

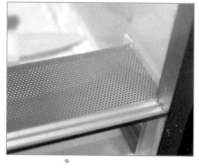

11 與側面的相接處用矽利康包起來能有效避免水滴滲入，同時兼具美觀效果。

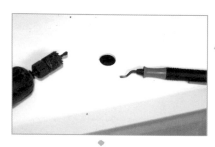

12 排水孔。用圓穴鋸鑽孔後，以NOGA修邊器將斷面處理得平滑。

13 趁箱子還可以倒放的時候，先開始製作內裝。這時就是橡樹皮與PU結構膠登場的機會了。

14 接下來用土壤或陶瓷土大量塗抹各面，連矽利康也要改用咖啡色的。

17 試著嵌入玻璃門。中央是以3片長型玻璃門組成，以利觀察內部。

15 內裝完成後，就可以在底面裝設排水管。為了日後拆除方便，這裡使用的黏著劑是矽利康。

18 這裡從底面過濾材的下方，用螺絲固定住沉木，不這麼做的話就無法直立。決定好位置後，就可以開始鋪設輕石。

16 除了黏水管時要用到矽利康以外，為了能讓板子上的水順利流進管中，這邊也藉矽利康製作出斜向的高低差。

19 土壤的調配可依喜好決定，照片中為黑土、鹿沼土、泥炭土、赤玉土與腐葉土。

20 放入土壤後再鋪設苔類、種入植物，如此一來就大功告成。接下來大概要等1年左右，植物才會長至茂盛的狀態。

打造生態缸的方法①

用PU發泡劑與花盆增加牆面功能

1 用不會與PU發泡劑相黏的聚丙烯板當成作業台，製作前先噴霧輕輕打溼表面，以利後續撕開。

2 噴出薄薄的一片PU發泡劑後，擺上花盆輕輕按壓，接著用PU發泡劑把花盆包起來。

3 兩個花盆的位置要稍微錯開，然後讓上側花盆的排水孔與下側花盆對齊。

4 於此同時，也開始製作牆面內裝，PU發泡劑有固定的功能，橡樹皮只要嵌入即可。

5 PU發泡劑會膨脹，所以請插入揉成圓棍狀的紙，避免排水孔被擋住。

6 24小時後發泡劑會膨脹完成並凝固，這時就可以拆下圓棍狀的紙。噴發泡劑時記得考量後續膨脹的狀況。

7 在表面均勻塗滿褐色的矽利康，避免PU發泡劑外露。

8 依喜好在表面撒上土壤、陶瓷土等，輕輕按壓表面固定。

9 此裝飾具有一定重量，本身容易傾斜，所以必須以治具固定後，再牢牢黏貼於牆上。

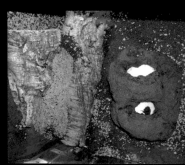

10 以相同要領在牆面黏上砂礫，接著覆蓋植物或苔類，就能提升自然風情。

用PU發泡劑打造陸地／以專用海綿打造地形 etc.

【打造熔岩石般的陸地】
① 用網子覆蓋以避免排水管堵塞。②③ 在PVC板上噴PU發泡劑後，再施以拉卡漆塗裝。④ 作為陸地設置好之後，從大的材料開始決定放置位置。⑤ 倒入土壤即完成。在陸地上用矽利康黏上泥炭土，同樣能夠營造出不錯的氛圍。

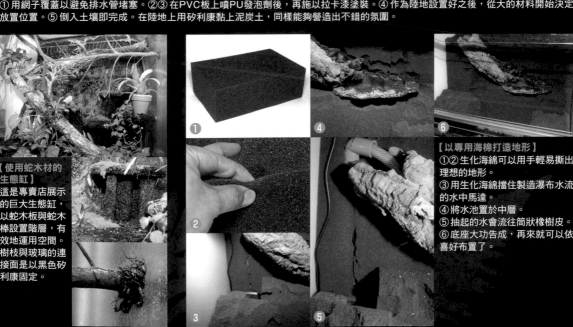

【使用蛇木材的生態缸】
這是專賣店展示的巨大生態缸，以蛇木板與蛇木棒設置階層，有效地運用空間。樹枝與玻璃的連接面是以黑色矽利康固定。

【以專用海棉打造地形】
①② 生化海綿可以用手輕易撕出理想的地形。
③ 用生化海綿擋住製造瀑布水流的水中馬達。
④ 將水池置於中層。
⑤ 抽起的水會流往筒狀橡樹皮。
⑥ 底座大功告成，再來就可以依喜好布置了。

打造生態缸
●
擁有任草蜥優遊的草地

南草蜥的體型狹長，尾巴非常長，是生活在草叢等處的樹棲型動物。日本也有翡翠草蜥等相同生活型態的物種，能夠養在一樣的環境條件中。為牠們準備生態缸時，用樹枝沉木打造出立體活動空間，就能夠觀察到牠們活用狹長體型，在枝葉上靈巧行動的模樣。至於日本草蜥，棲息在樹上的時間沒有那麼長，建議為牠們準備些許開闊的空間。

DATA	擁有任草蜥優遊的草地
箱子	爬蟲類專用箱／30×30×45（h）㎝
材料	山谷石（ADA）／樹枝沉木（ADA）／筒狀橡樹皮／REPTILE BOARD
底材	爬蟲類專用底材／極床（以粉碎樹皮製成）
照明	爬蟲類專用日光燈13W／聚光燈25W
動物	南草蜥×4
植物	水草（ADA的侘草）等
其他	仿效草地布置，並打造出立體活動空間

遇見先島草蜥的西表島森林地面。

製 作 方 法

1 準備較高的爬蟲類專用箱（30×30×45h㎝），
以打造出立體活動空間。

2 製作背景。依背面尺寸切割
「REPTILE BOARD」。

3 切割後會出現毛邊，所以要切
得比內徑小一點。

4 用熱熔膠黏起來。熱熔膠的凝
固速度很快，相當方便。

5 背景完成。蜥蜴的爪子能夠勾
住 REPTILE BOARD，大幅
增加活動範圍。

6 用鋸子將筒狀橡樹皮切成適當的長度。

7 一邊設想後續還要放入的其他材料，一邊試著擺放主要的樹枝沉木以決定位置。

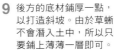

8 鋪設用樹皮粉碎製成的底材（極床）／爬蟲類專用底材。

9 後方的底材鋪厚一點，以打造斜坡。由於草蜥不會潛入土中，所以只要鋪上薄薄一層即可。

10 在剛才切好的筒狀橡樹皮中塞滿濕潤的水苔，接著種入水草（水上葉）。

11 將沉木與岩石配置在後方，岩石稍微埋進底材中會比較穩固。布置好植物就可以放入蜥蜴了。

12 確認蜥蜴在箱中活動無礙後，就可以靜靜觀察後續的植物成長了。未來打算在高處種植物，不過還是先觀察蜥蜴的活動狀態，再視情況調整。

【飼養環境幾乎相同的爬蟲類、兩棲類】

錐頭蜥，擁有相同的體型。

翡翠草蜥，棲息在沖繩，全身都是綠色的優美草蜥。

琉球攀蜥，最好為牠們設置較粗的樹枝。

長鼻樹蛇，非常細長，看起來就像藤蔓。

日本樹蟾，生態缸內要配置大量的植物。

犬吠蛙，建議依個體的體型布置適當的樹枝。

打 造 生 態 缸
·
用 黏 土 粉 創 造 出 荒 蕪 沙 漠

在準備爬蟲類、兩棲類用品時，以前通常是去五金行等處找
園藝用品，也會大量使用觀賞魚產品等，不過現在市面上已
經售有豐富的爬蟲類專用產品。這次介紹的造型用品——黏
土粉就是其中之一。黏土粉能夠讓沙子凝固，打造出岩石地
形等。將黏土粉與水、專用沙拌在一起，就可以像捏黏土一
樣加工製作，相當方便。各大爬蟲類專賣店都買得到這種黏
土粉。

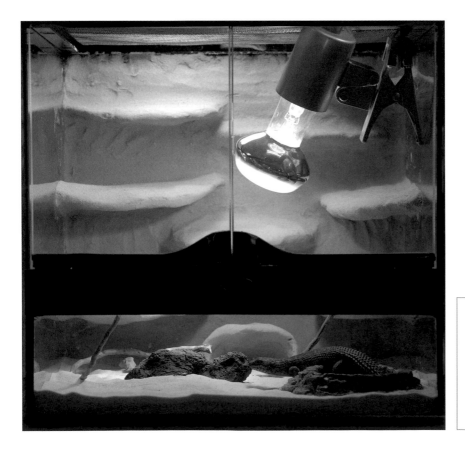

DATA **用黏土粉創造出
荒蕪沙漠**

箱子　爬蟲類專用箱／30×30×
　　　30（h）cm
材料　黏土粉（Namiba Terra）／
　　　樹枝／水容器
底材　爬蟲類專用沙
動物　刺尾岩蜥
　　　（Egernia stokesii）
其他　仿效荒蕪沙漠製作

製作方法

1 準備好黏土粉後，拌入專用沙與水。

2 硬度調整至岩蜥能夠用爪子「喀啦喀啦」地挖出巢穴的程度。

3 選擇方便性較佳的爬蟲類專用箱。

4 將準備好的黏土粉塗抹在箱子的背面。

5 要避開上側供管線通過的洞。

6 塗滿箱子的背面後，就可以用剩下的材料製作岩石地面。

7 從最遠端開始，製作一片片的岩石階層。

8 製作時，要邊想像蜥蜴曬日光浴或躲起來時的模樣。

9 岩石部分製作完成後，就可倒入爬蟲類專用的細沙。

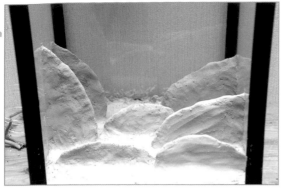

10 將沙子鋪滿整面。

11 在最深處設置遮蔽物，等箱子立起後，遮蔽物會位在地面的最裡面。

13 有大大小小板狀岩石階層的地形完成！

12 立起箱子後，繼續倒入更多沙子。

14 這裡想打造出荒蕪沙漠，所以隨意擺了幾根樹枝。

15 就算是以沙漠為主題，仍必須設置水容器。考量到後續清理換水的難易度，決定將其配置在前方。

17 岩板下方較昏暗，賦予箱內明暗不同的條件差異。

16 設好燈具、聚光燈後就宣告完工。

【飼養環境幾乎相同的爬蟲類、兩棲類】

犰狳蜥

刺尾岩蜥（*Egernia depressa*）

環頸蜥

藍岩蜥

馬達加斯加恰徹板蜥（*Tracheloptychus madagascariensis*）

打造生態缸
·
由大小岩石演繹出砂礫地區

大量堅硬岩石所組成的場所，自然形成豐富的遮蔽區，適合許多爬蟲類棲息。岩石或砂礫地帶等環境與沙漠相近，製作生態缸時會以大大小小的岩石來建構，這時最重要的關鍵是「避免岩石崩塌」。請盡可能選擇最穩固的布置法，從岩石上方撒入沙子的時候才不會塌掉。此外，大自然下的岩石不會井然有序，建議布置得隨興一點，以營造出自然風情，可搭配些仙人掌等多肉植物。由於是專為蜥蜴打造的生態缸，所以植物的布置必須承受得住蜥蜴跳上去，也建議擺在動物比較少往來的岩石上方等。

DATA 由大小岩石
演繹出砂礫地區

箱子 爬蟲類專用箱／45×45×45
　　　(h)㎝
材料 岩石（可使用市售的水族商品）／
　　　沉木／橡樹板等
底材 爬蟲類專用底材
動物 鬆獅蜥
其他 以岩石地區為主題的生態缸

製 作 方 法

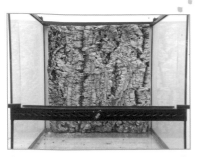

1 依背面尺寸切妥橡樹板，用壓克力膠黏上去。

2 將岩石穩定地堆疊起來，並在前方保留開放空間。

3 倒入幾乎掩埋住岩石縫隙的底材，使藍色調的岩石呈現土色。

4 用刷子將岩石上的土壤刷勻後，進一步掩埋縫隙。

5 染上土色的岩石散發出更接近大自然的氛圍。

6 擺設色彩淺亮的沉木，為箱中布置帶來變化。

8 完成！等哪天植物被吃掉或拔掉時，再做進一步調整。

7 擺設幾株多肉植物，打造視覺重點。

9 放入似乎很適合此處的鬆獅蜥幼體，確認適應狀況如何。

打造生態缸

●

靈感源自於鄰近的石牆

筆者每天早上上班時，會經過家後方的石牆，並曾在這裡遇見過日本石龍子，所以就決定將這習以為常的景色打造成生態缸。這裡使用的植物以戟葉耳蕨為主，搭配附近採來的雜草。在石塊之間種入蕨類等植物，期待它們能在此扎根。用來製作石牆的則是有利於植物與苔類生長的熔岩板，如此一來，就算箱中的雜草枯萎，生態缸仍會隨著時間流逝產生豐富的變化，像是長出意想不到的植物，或是有菇類從土壤中探頭出來，令人對未知的驚喜充滿期待。

靈感來源是曾遇見過日本石龍子的石牆。石牆位在河邊的小公園裡，布滿蕨類等豐富的植物。

日本石龍子，經常能在春初至秋初的晴朗上午遇見，從幼體到成體都有。牠們會出沒於石塊間或草叢中，所以我便想在生態缸中還原這幅景色。

製 作 方 法

1 放入清洗過的輕石，並鋪上已經拌在一起的赤玉土與燻炭。

2 由上往下看的模樣。預計在左上設置小石牆，所以刻意鋪得厚一點。

3 挑選形狀恰到好處的沉木，當作石牆的基底。

4 將含有水分的KETO土（泥炭土的一種）捏緊後，貼在沉木表面。

5 屬於多孔性質的熔岩板，很適合植物生長，所以就用這種材料作為堆疊出石牆的石塊。

6 將戟葉耳蕨種在高台上，右邊空位則擺上木化石。

7 在戟葉耳蕨根部附近灑上落葉，打造出更符合實地的氛圍。

8 用苔類鋪滿整個空位，和落葉為主的褐色高台形成對比。

9 將雜草吊掛在上方（根部種在地面），是為了打造出窺看草叢的視覺效果。

10 不管是哪一種型態的生態缸，都必須設置水池。這裡選用了陶盤。

11 完成。後續的噴霧能否維持這些植物呢？還是會枯萎？或者日後要改種其他植物？這些都預計邊看箱內狀況邊做調整。

【這座石墙公園中的爬蟲類、兩棲類】

日本守宮（多疣壁虎）

日本草蜥

日本蟾蜍

打 造 生 態 缸

●

還原旅行回憶，依沖繩巷弄打造出箱中庭園

筆者一邊回想沖繩旅行時經過的巷弄，一邊布置出了這個生態缸。沖繩獨特的白色地面是由珊瑚砂所組成，但因鹼性的珊瑚砂不適合植物生長，故這裡以輕石代替。為了營造出沖繩氛圍，植物以細葉榕與星蕨屬植物（有翅星蕨）為主，再搭配腎蕨屬和棕櫚科的植物，更添南國風情。這些植物都很好養，比較需要費心的是動物的選擇。飼養動物很容易將輕石弄亂，不過這也是牠們可愛的地方，小型的石龍子或許很適合這樣的環境。

飼育箱使用爬蟲類與兩棲類的滑門式專用箱。考量到植物的生長，選擇了具有高度的類型。

竹富島。雪白的地面令人印象深刻。

可以搭乘水牛車從西表島前往的由布島。雖然也種有椰子樹，但是西表島上還有野生的八重山椰子。

石垣島的叢林，森林裡長滿許多星蕨屬的蕨類植物。

製 作 方 法

1 選擇長度與高度均為60㎝的爬蟲類與兩棲類專用飼養箱，上蓋與兩側都呈網狀，通風相當好，要配置植物時也很方便。

2 將橡樹板切成長方形後，製成路面的基底，接著用石頭與沉木固定住。完成後再鋪設大顆粒的輕石，還原沖繩的白色風景。

3 整個地面鋪滿排水性佳的輕石。

4 在準備種植物的位置鋪設土壤。

5 地面大致完成，小路的方向為從左後方延伸至右前方。

6 接著從右後方開始布置環境。這裡用細葉榕與棕櫚科植物打造成樹林，表面則鋪設小石子、枯葉與樹枝，避免土壤流出。

7 用巴西堅果的外殼製造出視覺焦點，同時還可兼做動物的遮蔽處。

8 左前方的空位溼度較高，所以配置較多的蕨類植物。

9 大功告成！實際放入動物後還會再配置水容器與餌料盤（應選擇內面光滑，蟋蟀逃不出來的類型）。此外，生態缸前方也放有姑婆芋盆栽。

【適合此生態缸的沖繩爬蟲類】

沖繩最容易遇見的爬蟲類，疣尾蜥虎。

同樣是在沖繩發現的鉛山壁虎（南守宮）。

擁有美麗藍尾巴的巴巴石龍子（Plestiodon barbouri）。

石垣石龍子，分布在八重山群島。

先島滑蜥，屬於小型石龍子。

宮古草蜥，市面上有少許繁殖個體流通。

打造生態缸
•
還原後山渠道

田園附近與田邊渠道棲息著形形色色的生物，相信很多人都在後山小小的溝渠裡見過青蛙或蠑螈吧？另一方面，排水管中與跨越渠道的橋墩下方等，對這些生物來說也是絕佳的藏身處。而且渠道旁的田園與田地，都有許多適合當成食物的昆蟲，爬蟲類與兩棲類會在此狩獵、產卵，所以人工打造的渠道對青蛙與蠑螈來說，是相當好的生活場所。這邊所要製作的生態缸不只運用自然素材，還刻意仿造了田園周邊的人造設備。

製 作 方 法

1 使用的是爬蟲類、兩棲類飼養專用箱glass terrarium 4545
（46.5×46.5×48㎝），針對飼養需求附設燈架與網狀上
蓋，開關式的前門則提升了使用上的方便性。這裡想打造出
田園渠道，因此最後決定不設置背板。會先拆掉蓋子，以利
製作。

2 鋪上薄薄一層園藝用輕石（日向土），主要用
來避免石頭接觸玻璃面。由於輕石遇水會浮起
來，可以覆蓋網子，或者改用觀賞魚專用的底
砂。

3 先概略地擺上石頭，打造出大型底座，接著就可以邊確認尺
寸邊修剪塑膠管。擺設時塑膠管的前端要低一點，才能使水
順利流出。這次決定用矽利康將石頭固定在盆栽底網上，作
為渠道的邊牆。

4 製作渠道的邊牆。選擇尺寸相當的扁平石塊，
稍微排列一下後用矽利康黏在盆栽底網上。修
剪盆栽底網，空出擺放塑膠管的位置。

5 將水中馬達與塑膠管擺穩到底座上，並將餌料
盤擺在事前決定好的右側。

6 　渠道牆的矽利康乾掉後，就可以如照片般覆蓋上去。接著擺上沉木與其餘的石塊，使渠道牆與塑膠管更加穩固。

7 　實際裝水，確認水中馬達是否正常運作？水是否能夠正確地流動？

8 　配置植物。水耕植物要直接以原本的狀態設置在保溼效果好的位置，附生植物則要用束線帶或專用夾固定起來。若植物需要土壤，從盆栽取出時要留下適當的土，並以水苔或羽苔包覆後揉成苔球，如此一來土壤就不會流失太多。完全清除原本的土壤會傷及植物的根部，後續通常很難長得漂亮，所以請保有最低限度的土壤。生態缸較大時，還可以直接擺入椰纖盆（用椰子纖維墊製成的壁掛式花盆）等，只要善用苔類植物藏起椰纖盆，就不怕損及箱中景觀。不管選擇哪一種植物，平日都應依植物的成長狀態調整日照條件與水流等。由於植物必須實際去種才知道能不能長得好，所以平常應適度修剪與更換。照片中的植物為杜鵑的一種。

9 　地面全部鋪滿苔類，絹蘚、羽苔、大灰苔都相當好用。

10 　往渠道牆纏繞一些植物，可提升箱內的氣氛。這邊選擇了虎耳草與脈羊耳蘭，期待植物能在此扎根。

11 大功告成！這裡運用廢棄材料，打造出跨越渠道的橋梁。橋上是曬太陽的好地方，橋下則具有遮蔽的功能，和真正的渠道一樣，是對生物友善的環境。這個生態缸也很適合中國稜蜥等非日本產的水邊生物。

【 適合此生態缸的水邊爬蟲類、兩棲類 】

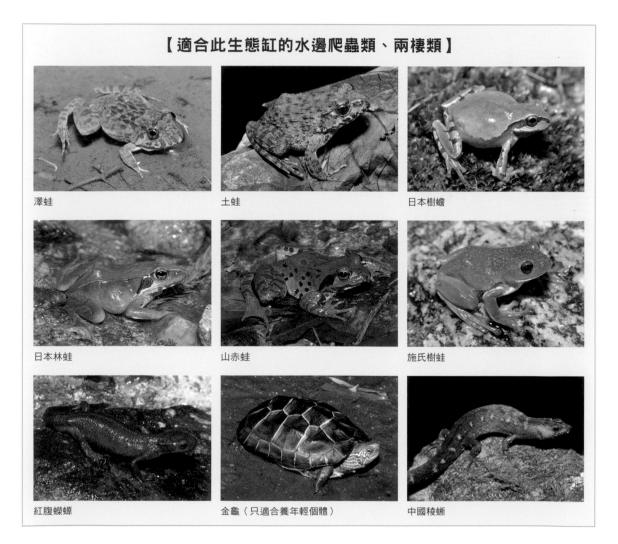

澤蛙　　　　　　土蛙　　　　　　日本樹蟾

日本林蛙　　　　山赤蛙　　　　　施氏樹蛙

紅腹蠑螈　　　　金龜（只適合養年輕個體）　　中國稜蜥

蛙類／蠑螈／龜類／蜥蜴／蛇類

·

專家打造的生態缸範例

爬蟲類與兩棲類的棲息環境相當多樣，所以在為牠們打造生態缸時，有許多重點必須留意。除了構圖與植物種類之外，還必須考量過濾系統、陸地結構等，只要發揮巧思就能打造出無限多種可能性。市面上的水族館與爬蟲類、兩棲類專賣店在這方面都各有創意、別具特色，有相當高的參考價值。此外，生態缸代表的其實就是「生物」，因此箱中往往會長出意料之外的植物，有些會枯萎，也有些會生長得相當茂密，整個生態缸會隨著時間流逝呈現多元的面貌，而這也是生態缸的一大魅力。

綠色箭毒蛙，個性依品種與個體會有相當大的差異，例如
迷彩細點綠就比較不害羞，因此若牠們總是躲著不見人，
就可能是布置上出了問題。

DATA　仿造山間小瀑布的生態缸

箱子　自製熱帶雨林缸／90×45×90（h）㎝

過濾　水中馬達（EHEIM　小型馬達600）

底材　水族專用砂礫（AF JAPAN企畫 礫）、
　　　保麗龍、黑色矽利康

照明　90㎝專用LED（KOTOBUKI工藝 板狀
　　　LED900）

動物　無（以前為紅腹螻螺）

植物　大灰苔／羽苔／絹蘚／庭園白髮蘚／梨萌
　　　珠苔／大焰苔／日本鳳尾蘚／地錢／爪哇
　　　莫絲／蛇足石杉／圓蓋陰石蕨／細葉鳳尾
　　　蕨／越橘葉蔓榕／日本桫樹／含羞草／黑
　　　松／六月雪／華箬竹／津山檜／針葉樹

歷時　半年

管理　3天補1次水，每週換1次水並清除所有
　　　枯葉

其他　底座是用保麗龍塗抹黑色矽利康製成，並
　　　將熔岩石散布在各處，模擬大自然岩石的
　　　樣貌。水管配置在上側的植物下方，使水
　　　得以流經各處

DATA　熱帶雨林型生態缸

箱子　熱帶雨林缸專用箱／30×30×45（h）㎝（PCP3045）

過濾　無

底材　Hydrocorn（Neocoal）／EpiWeb

照明　30㎝專用LED（KOTOBUKI工藝 板狀LED300）

動物　無（以前是白化黑斑側褶蛙）

植物　絹蘚／南亞白髮苔／柔葉青蘚／檜葉金髮蘚／馬拉巴栗／冷水花／朱蕉
　　　／心葉蔓綠絨／虎尾蘭／變葉木

歷時　約1年

管理　每天噴霧1次，2個月修剪1次

其他　以植物為主的簡單布置。用橡樹皮來布置，不但重量輕，加工起來也非
　　　常便利

DATA 布滿苔類的水邊

箱子　熱帶雨林缸專用箱／60×30×45(h)㎝（PCP6045）
過濾　水中馬達（NISSO PP-51）
底材　水族專用砂礫（STONE DEALER SHINSE 流砂）
照明　600㎝專用LED（KOTOBUKI工藝 板狀LED600）
動物　日本蟾蜍／湍蟾蜍／青鱂魚（楊貴妃）
植物　羽枝青苔／大灰苔／絹蘚／爪哇莫絲／圓蓋陰石蕨／日本鵝耳櫪／烏蕨
歷時　3個月
管理　3天補1次水，每週換一半的水
其他　雖然住有兩種蟾蜍，但是結構相當簡單，因此很少發生布置遭破壞的情況，還可以
　　　同時觀察兩種蟾蜍的習性差異，相當有趣。目前雙方不會打架，連同居的青鱂魚也
　　　沒有遭受攻擊的跡象。

DATA 有水滴落的岩壁

箱子　自製熱帶雨林缸／60×30×90(h)㎝
過濾　水中馬達（EHEIM 小型馬達300）
底材　AQUA SOIL（SUDOメダカの天然茶
　　　玉土）／EpiWeb
照明　60㎝專用LED×2（ADA AQUASKY）
動物　恆河毛足鱸（以前為日本樹蟾×4／喬木
　　　樹蛙×2）
植物　地錢／大灰苔／羽苔／絹蘚／爪哇莫絲／
　　　萬年松／雙面蕨、細葉鳳尾蕨／圓蓋陰石
　　　蕨／日本鵝耳櫪／烏蕨／冷水花／越橘葉
　　　蔓榕／匍莖榕／秋海棠屬植物／野牡丹屬
　　　植物／玄參屬植物／美洲水鱉
歷時　約1年
管理　每週補1次水，每個月換一半的水
其他　設置至今已經1年，植物都已經適應整體
　　　環境，幾乎沒有再做更換。此外，也刻意
　　　挖空背面的EpiWeb，在減輕壓迫感之餘
　　　也增加採光

DATA 可同時收藏珍稀植物

箱子　熱帶雨林缸專用箱／30×30×45(h)㎝
　　　（PCP3045）
過濾　無
底材　Hydrocorn（Neocoal）／玻璃容器專用土
　　　（SUDO CREATE SOIL）／EpiWeb
照明　30㎝專用LED（KOTOBUKI工藝 板狀LED
　　　300）
動物　南美角蛙
植物　羽苔／柔葉青蘚／玄參屬植物／網紋斑葉蘭／北京
　　　鐵角蕨／萬年松／苦苣苔類／迷彩粗肋草
　　　「Nirvash」／圓蓋陰石蕨／銀波草／崖角藤屬植
　　　物／貝莎爾山綠春雪芋
歷時　8個月
管理　每天噴霧1次、2個月修剪1次
其他　這個生態缸兼具收藏珍奇觀賞植物與布置的樂趣，
　　　側面使用了玻璃容器專用土「CREATE SOIL」，
　　　並讓苔類與植物在此扎根，藉此製作出被綠色植物
　　　覆蓋的牆面。養在其中的南美角蛙也一如預期，固
　　　定待在圓頂狀的沉木下方

DATA 繁殖綠色箭毒蛙的生態缸

箱子　玻璃水缸／90×45×45(h)㎝
過濾　以水中馬達抽水
底材　輕石／泡棉／鹿沼土
照明　爬蟲類專用日光燈 2.0×1／5.0×1
動物　綠色箭毒蛙
植物　黃金葛／五彩鳳梨／蕨類植物等
歷時　設置至今約半年
其他　藉水中馬達保有各處的潮溼感，傾斜的底面使水得以積
　　　蓄在低處。這是水族館展示用的生態缸

生態缸後方有積水，並藉由水中馬達將水輸送到
各處。

盯上獵物「果
蠅」的綠色箭
毒蛙。

DATA 黃金箭毒蛙靜佇的空間

箱子　前開式專用箱／60×45×60（h）cm
過濾　噴霧＋排水孔
底材　輕石／泡棉／觀賞魚專用soil sand
照明　爬蟲類專用日光燈 2.0×2
動物　黃金箭毒蛙×1
植物　五彩鳳梨「火球」／鳳尾蕨屬植物／鈕釦藤／苔類等
歷時　設置至今約1年
其他　鮮黃體色的黃金箭毒蛙，在茂密的鳳尾蕨屬植物中仍有壓倒
　　　性的存在感。這是水族館的生態展示箱

長得相當茂密的鳳尾蕨屬植物。

DATA 重現日本的水邊

箱子　玻璃水缸／120×45×60（h）cm
過濾　水中過濾器／噴霧＋排水孔
底材　河砂／桐生砂
照明　爬蟲類專用日光燈 2.0×1／5.0×1
動物　奄美臭蛙×2
植物　附近摘到的植物等
歷時　設置至今約2年
其他　用水中過濾器製造出水流。由於奄美臭蛙的跳躍力相
　　　當優越，就連120cm的水缸，牠們仍有機會跳起來碰
　　　到鼻尖。這是非常接近自然環境的「生態展示缸」

DATA 讓蟾蜍能自在跳躍的
開放式生態缸

箱子　自製箱／173.5×90×30(h)㎝
　　　※用鯉魚專用缸加工而成
過濾　水中過濾器
底材　河砂／桐生砂／自然土壤（陸地）
照明　沒有特別設置
動物　日本蟾蜍×2／關東蟾蜍×2／湍蟾蜍×1
植物　附近的草木，後續也長出許多其他的植物
歷時　設置至今約2年
其他　以壓克力板為玻璃水缸打造向內反折的保護
　　　罩，水位因蒸發而下降時就會加水

水是蛙類生存的必需品，所
以隱密處藏有水容器。

DATA 喜歡乾燥環境的蠟白猴樹蛙

箱子　滑門式專用箱／60×45×60(h)㎝
過濾　無
底材　鹿沼土／赤玉土／一般土壤
照明　爬蟲類專用日光燈 2.0×1／5.0×1
動物　蠟白猴樹蛙×2
植物　配置樹枝與沉木
歷時　設置至今約1年半
其他　用食物保鮮盒打造水池，並維持整體環境的乾燥

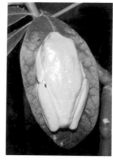

在水裡游泳的幼生期蝌蚪。

紅眼樹蛙屬於夜行性動物，
所以白天會在葉子上睡覺。

DATA 適合紅眼樹蛙繁殖的飼育環境

箱子　滑門式專用箱／60×45×60(h)㎝
過濾　噴霧＋排水孔
底材　桐生砂／鹿沼土／腐葉土／一般土壤
照明　爬蟲類專用日光燈 2.0×1／5.0×1
動物　紅眼樹蛙×3／大量蝌蚪
植物　黃金葛／馬拉巴栗等
歷時　設置至約1年半
其他　較深的水位有助於蝌蚪的育成，模擬降雨的系統每週會運
　　　作3、4次，每天最多1次，每次約15分鐘

白氏樹蛙

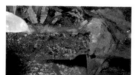

陸地的結構是在PVC板外噴
上PU發泡劑，內部從下方開
始依序為輕石、網板（隔開
用）、泡棉、土壤與植物。

DATA 適合白氏樹蛙的樹木與植物

箱子　滑門式專用箱／90×45×90(h)㎝
過濾　噴霧＋排水孔
底材　桐生砂／鹿沼土／腐葉土／一般土壤
照明　觀賞魚專用日光燈 32W×2
動物　白氏樹蛙×5
植物　應該是鶴望蘭的植物等
歷時　設置至約1年
其他　這是偏大的樹棲種，所以設置了較寬闊且堅硬的植物，以及較大
　　　的沉木

三角枯葉蛙。另外設置了
專門繁殖用的水缸。

DATA 三角枯葉蛙的生態展示缸

箱子　滑門式專用箱／60×45×60(h)㎝　　歷時　設置至今約半年
過濾　噴霧＋排水孔　　　　　　　　　　其他　陸地仿效熔岩石，並以矽利康
底材　桐生砂／鹿沼土／腐葉土／一般土壤　　　　黏上泥炭土。想繁殖的話，必
照明　爬蟲類專用日光燈 2.0×1／5.0×1　　　　　須設置比這裡更多的水量
動物　三角枯葉蛙×2
植物　黃金葛等

紅腹蠑螈

DATA 紅腹蠑螈棲息的水邊
箱子　滑門式專用箱／90×45×45(h)㎝
過濾　噴霧＋排水孔
底材　桐生砂／鹿沼土／腐葉土／一般土壤
照明　觀賞魚專用日光燈18W×2
動物　紅腹蠑螈×5
植物　鴨跖草／虎耳草／麥冬等
歷時　設置至今約半年
其他　設置較寬敞的水池，並種植了田園一帶的植物

綠色箭毒蛙

DATA 箭毒蛙的箱中庭園
箱子　滑門式專用箱／24×30×24(h)㎝
過濾　無
底材　赤玉土（小顆粒）
照明　觀賞魚專用日光燈18W
動物　綠色箭毒蛙×3
植物　擎天鳳梨／萬年蘚／苔類等
其他　水池中的水必須常保清潔，每天要朝整個箱內噴霧1、
　　　2次

DATA 直接將苔球放進生態缸
箱子　爬蟲類專用箱／16×16×14.5(h)㎝
過濾　無
底材　赤玉土（小顆粒）
照明　聚光燈10W
動物　南美角蛙
植物　自製苔球（伏石蕨／蘇格蘭苔／吊蘭／鐵線蕨等）
歷時　設置至今約1個月
其他　使用市面上銷售的現成箱子，內部配置相當簡約

大榕

住在裡面的雙色猴樹蛙。

蔓綠絨

蔓綠絨與爪哇莫絲。

DATA **在池畔休息的雙色猴樹蛙**

箱子　前面為玻璃、背面為FRP仿岩的水缸（業者製作）／
　　　90×55×70（h）cm
過濾　重力式過濾法（Overflow）閉鎖循環過濾方式，水溫設定為25℃
底材　砂礫
照明　「TRUE-LITE」於7:00～19:00間亮燈（全年）；作為熱點的反射
　　　燈泡於8:00～18:00間亮燈
動物　雙色猴樹蛙×1
植物　大榕×1／蔓綠絨×3等
歷時　設置至今約5年
其他　仿效池畔樹上環境的水族館展示水缸，保有適當的濕度與通風性。保養
　　　程序為每週換水1次，每天會朝著玻璃面與植物灑水，此外，每年會清
　　　潔過濾槽1次
巧思　水缸上方設有24小時風扇，用來維持通風

DATA **經過20年歲月的池畔生態缸**

箱子　前面為玻璃、背面為FRP仿岩的水缸（業者製
　　　作）／180×55×70（h）cm
過濾　重力式過濾法（Overflow）閉鎖循環過濾方式，
　　　水溫設定為25℃
底材　砂礫
照明　「TRUE-LITE」於7:00～19:00間亮燈（全
　　　年）；作為熱點的反射燈泡於8:00～18:00間
　　　亮燈
動物　牛蛙×5
植物　垂榕×2
歷時　設置至今已20年
其他　仿效池畔的生態缸，配有大型沉木，並想辦法藉
　　　由布置讓參觀者看見見藏起來的牛蛙（此為水族
　　　館的展示水缸）。萬一牛蛙跳上去衝撞上方的網片
　　　時，垂榕具有緩衝效果。保養程序為每週換水1
　　　次，每天會朝著玻璃面與植物灑水，此外，每年
　　　會清潔過濾槽1次
巧思　水缸上方設有24小時風扇，用來維持通風

垂榕

牛蛙（現已指定為特定外來生物）

白天會在黃金葛的葉片上休息。

DATA 適合讓紅眼樹蛙休息與產卵的黃金葛生態缸

箱子　前面為玻璃、背面為FRP仿岩的水缸（業者製作）／
　　　　90×55×70（h）㎝
過濾　重力式過濾法（Overflow）閉鎖循環過濾方式，水溫設定為25℃
底材　砂礫
照明　「TRUE-LITE」於7:00～19:00間亮燈（全年）；作為熱點的反
　　　射燈泡於8:00～18:00間亮燈
動物　紅眼樹蛙×9
植物　黃金葛／爪哇莫絲
歷時　設置至今已15年
其他　依紅眼樹蛙繁殖期會聚集的池畔來布置，面積寬大的黃金葛叢是牠們
　　　白天休息的好地方，繁殖期時也會用來產卵。保養程序為每週換水1
　　　次，每天會朝著玻璃面與植物灑水，此外，每年會清潔過濾槽1次
巧思　水缸上方設有24小時風扇，用來維持通風

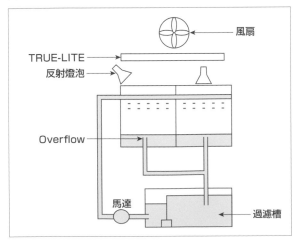

【P62與P63範例的系統配置圖】

夜間才是紅眼樹蛙的活動時間。

DATA 令人想仿效的藍箭毒蛙生態缸

箱子　滑門式專用箱／45×30×30（h）㎝
過濾　雙層底＋排水孔＋噴霧
底材　蛙類專用土（無添加肥料）
照明　觀賞魚專用日光燈15W×2
動物　藍箭毒蛙×2
植物　袖珍椰子／落地生根／心葉蔓綠絨／空氣鳳梨／山蘇花
　　　等
歷時　設置至今約2週
其他　整體配置由植物、遮蔽物與開放空間組成，設有定時噴
　　　霧，每天都會餵餌，且會用水沖掉葉片上的糞便。底部
　　　是雙層底，在網板與泡棉的上方鋪設土壤

藍箭毒蛙

側面設有通風口，下方為雙層底結構。

前門關起來的狀態。

DATA 有如紅綠燈的空間配色

箱子　自製箱／60×38×40（h）㎝
過濾　雙層底＋排水孔＋噴霧
底材　蛙類專用土（無添加肥料）
照明　觀賞魚專用日光燈20W×1／全光譜燈
　　　2.0×1
動物　潑彩箭毒蛙×6
植物　黃金葛／五彩鳳梨／空氣鳳梨等
歷時　設置至今約3個月
其他　由水族館展示用生態缸改造而成，設有定時
　　　噴霧，每天都會餵餌，且會用水沖掉葉片上
　　　的糞便等。黃色與紅色的潑彩箭毒蛙會在綠
　　　色植物之間活動

潑彩箭毒蛙

黃帶箭毒蛙

DATA 黃帶箭毒蛙生態缸

箱子　滑門式專用箱／45×30×30（h）㎝
過濾　雙層底＋排水孔＋噴霧
底材　蛙類專用土（無添加肥料）
照明　觀賞魚專用日光燈15W×2
動物　黃帶箭毒蛙×2／綠色箭毒蛙×4
植物　龍血樹／馬拉巴栗等
其他　設有定時噴霧，每天都會餵餌，且會用水沖掉葉片上的糞便
　　　等。底部是雙層底，在網板與泡棉的上方鋪設土壤

染色箭毒蛙「橘山」

DATA 以中央的擎天鳳梨為主的生態缸

箱子	滑門式專用箱／ 60×30×30(h)㎝
過濾	雙層底＋排水孔＋噴霧
底材	蛙類專用土（無添加肥料）
照明	觀賞魚專用日光燈20W×1／ 全光譜燈2.0×1
動物	染色箭毒蛙「oyapock」／ 染色箭毒蛙「橘山」

植物　黃金葛／落地生根／空氣鳳梨／
　　　擎天鳳梨／心葉蔓綠絨等
其他　設有定時噴霧，每天都會餵餌，
　　　且會用水沖掉葉片上的糞便等。
　　　底部是雙層底，在網板與泡棉的
　　　上方鋪設土壤

用盆底盤打造出水池。

位在箱子側面的通風口。

大理石蠑螈

箱中全貌。

染色箭毒蛙

DATA 蕨類與熔岩石的組合

箱子	滑門式專用箱／ 24×30×24(h)㎝
過濾	無
底材	赤玉土（小顆粒）
照明	觀賞魚專用日光燈18W

動物　大理石蠑螈×3
植物　蘇格蘭苔／長春藤等
其他　保養程序有補水、玻璃清潔、清除
　　　枯葉等，每天會朝整個缸內噴霧
　　　1、2次

DATA 讓植物在海綿與橡樹皮上扎根

箱子	前開式專用箱／45×60×45(h)㎝
過濾	排水管＋水中過濾器（抽水用）
底材	生化海綿
照明	兩燈式爬蟲類專用日光燈
動物	染色箭毒蛙
植物	薜荔／伏石蕨／羽苔等
歷時	設置至今約1個月
其他	這是專賣店展示販售蛙類的飼養箱，生化海綿是生態缸專用商品，可以開孔後栽培植物，也可以輕鬆撕開，用來打造地形相當方便

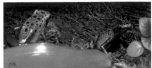

藍箭毒蛙

將水池設在偏高
的位置。

**DATA　設有蛇木材階層
並使用大量
五彩鳳梨**

箱子	前開式專用箱／ 45×60×45（h）cm
過濾	排水管
底材	蛇木材
照明	兩燈式爬蟲類專用日光燈
動物	藍箭毒蛙
植物	五彩鳳梨「Red of Rio」／ 薜荔／羽苔等
歷時	設置至今約2個月
其他	這是專賣店展示販售蛙類的飼 養箱。用蛇木材打造出階層， 並種有大量五彩鳳梨，形成立 體的活動空間

DATA　水池設在中層的生態缸

箱子	前開式專用箱／58.5×59×44（h）cm
過濾	排水管＋水中馬達（抽水用）
底材	生化海綿
照明	金屬鹵化物燈70W
動物	無
植物	五彩鳳梨「火球」／喜悅黃金葛／大灰苔／ 日本鳳尾蘚／爪哇莫絲等
歷時	設置至今約1個月
其他	用水中馬達製造水循環，讓水從不同場所 滴出，需要高溼度的苔類也能順利扎根

DATA　小型箭毒蛙專用生態缸

箱子	滑門式專用箱／32×32×32（h）cm
過濾	排水孔＋噴霧
底材	背面設置FRP板
動物	網紋箭毒蛙「Green」
植物	爪哇莫絲／羽苔／南亞白髮苔等
歷時	設置至今約3年
其他	這是專賣店展示販售蛙類的飼養箱，養在裡面的動物經常變 更。右後方的蕨類是不知不覺間長出來的

DATA　已歷時8年的箭毒蛙生態缸

箱子	滑門式專用箱／ 40×45×45（h）cm	葉品種）等	
		歷時	設置至今約8年
過濾	排水孔＋噴霧	其他	這是專賣店展示販售蛙類的
底材	輕石＋蛙類飼養專用土		飼養箱，養在裡面的動物經
照明	觀賞魚用日光燈18W×2		常變更，不斷茁壯的植物更
動物	綠色箭毒蛙「塔沃加」		是觸及了玻璃面
植物	草胡椒／天南星科植物（斑		

DATA　長滿榕屬植物的生態缸

箱子	滑門式專用箱／	植物	榕屬植物／羽苔等
	40×45×45（h）cm	歷時	設置至今約8年
過濾	排水孔＋噴霧	其他	專養箭毒蛙的生態缸。是
底材	輕石＋泥炭土		專賣店展示販售蛙類的飼
照明	觀賞魚專用日光燈		養箱，養在裡面的動物會
	18W×2		經常變更。箱內植物未經
動物	箭毒蛙		修整，放任其茂密地生長

DATA 長有茂密莧科植物的生態缸

箱子　滑門式專用箱／45×45×45(h)㎝
過濾　排水孔＋噴霧
底材　輕石＋泥炭土
照明　觀賞魚專用日光燈18W×2
動物　紅眼樹蛙
植物　莧科植物／龜背竹／羽苔等
歷時　設置至今約7年
其他　紅眼樹蛙專用生態缸。是專賣店展示販售蛙類的飼養
　　　箱，養在裡面的動物會經常變更。箱內植物未經修整，
　　　放任其自然地生長。右邊的蕨類是自己長出來的

DATA 設有蚊帳的大型箭毒蛙生態缸

箱子　壓克力水缸／163×93×97(h)㎝
過濾　藉底面排水管排水＋灌溉＋噴霧
底材　下層為大顆粒赤玉土（85L）／上層為小顆粒赤玉土（100L）
照明　金屬鹵化物燈400W×2
動物　藍箭毒蛙×2／潑彩箭毒蛙×3／綠色箭毒蛙×5／黃帶箭毒蛙×2
植物　紅葉鳳梨 ×1／擎天鳳梨×8／小鳳梨×30／松蘿鳳梨／繡色鳥巢鳳梨×2／原生種五彩
　　　鳳梨×1／虎紋五彩鳳梨×2／五彩鳳梨「火球」×1／水塔花鳳梨「玫瑰」×1／美葉鶯
　　　哥鳳梨×1／鶯哥鳳梨（布里赫拉耶）×4／虎紋鳳梨×1／虎紋鳳梨（鶯哥鳳梨）×6／
　　　南美爪哇莫絲／腎蕨（腎蕨屬）／羽葉蔓綠絨×1／花燭「粉冠軍」×5／竹芋×5／花葉
　　　芋×7／白鶴芋×6／草胡椒×1
歷時　設置至今約2年3個月
構想　同時展示中南美原產的箭毒蛙與植物。配合2008年國際青蛙保育年，向大眾介紹蛙類的
　　　多樣性與面臨的環境變化
管理　每天早上與傍晚各清潔1次葉面、灑水兼灌溉，並擦拭玻璃面以預防礦物質附著。經常清
　　　潔燈具與周邊灰塵，且每1～3天會餵餌1次（撒上營養劑的TORINIDO果蠅），每2～4
　　　個月要修剪植物1次
其他　生態缸上方設置了連同燈具一起圍起的蚊帳，以預防餌料昆蟲與蛙類逃走（右側照片）。
　　　這個生態缸僅成功繁殖潑彩箭毒蛙。箱中溼度會受外部氣溫影響，但是整個房間都有溫
　　　控，全年都控制在20～32℃的範圍內（夏季：26～32℃、冬季：20～25℃），此外
　　　也會藉由噴霧頻率來調節溼度　　　　　　　撰文：大分海洋宮殿水族館「海之卵」今井謙介

DATA 蕨類茂盛的密林
箱子　熱帶雨林缸專用箱／30×30×45(h)㎝（RAINFOREST PCP3045）
過濾　無
底材　Hydrocorn（Neocoal 黑）／EpiWeb
照明　30㎝專用LED（KOTOBUKI 工藝 板狀 LED300）
動物　以模型替代（以前是滿蠟蜍）
植物　大灰苔／羽苔／密葉卷柏／腎蕨屬植物／咖啡屬植物
歷時　1年半
管理　每天噴霧1次，每月修剪1次
其他　背面使用EpiWeb，並以熱熔膠固定岩石與沉木。這裡藉細枝沉木還原樹木的根部，表
　　　現出樹根纏繞岩石的視覺效果

一枚岩實景。

剛設置時的模樣（2015年）。

剛設置時的模樣（2015年）。

DATA 完美還原名勝「南紀一枚岩」
　　　　的生態缸
箱子　壓克力箱／150×60×50(h)㎝的箱上設置了
　　　用PU發泡劑打造的一枚岩
過濾　桶式過濾器×2
底材　河川砂礫
照明　60㎝專用LED／90㎝專用LED／水中照明燈
動物　日本鰻鱺／丹氏鱲／珠星三塊魚／日本絨螯蟹等
植物　萬年松／珍珠繡線菊／翅軸假金星蕨／舌蕨／福氏
　　　石松／石葦／瓦葦／線蕨／石斛／瘤唇捲瓣蘭／脈
　　　羊耳蘭／蝦脊蘭／紀伊上臈杜鵑草／日本百合／朝
　　　鮮玉簪／矮雞杜鵑草／苦苣苔／楓樹／各種苔蘚類等
歷時　約3年
其他　還原聳立在清流古座川中游的一枚岩，展示在
　　　BOTANSOU（HP： botansou.jp）的門口，
　　　裡面的植物與魚都產自古座川，除了原本種入的植
　　　物外，又長出了豐富的植物。春季至秋季之間更有
　　　整整1個月都有花卉盛開，春夏秋冬皆能展現不同
　　　的面貌
巧思　除了正中間的瀑布之外，其他位置也設有水管，每
　　　天會在乾燥時段啟動1次，每次會運作1小時。鰻
　　　魚等會獵食珠星三塊魚等，所以會經常補上

現在的模樣（2018年）。

DATA 蕨類、苔類茂密的開放式生態缸，寬達150㎝

箱子　150×35×45（h）㎝的特別訂製箱
過濾　桶式過濾器
底材　田砂
照明　金屬鹵化物燈（150W）
動物　無（預計飼養變色龍）
植物　合囊蕨／線蕨／書帶蕨／山蘇花／腎蕨／日本鳳丫蕨／耳蕨／波氏
　　　星蕨／倒掛鐵角蕨／絹蘚／羽苔／大灰苔／梨萌珠苔／伏石蕨／匍
　　　莖榕／華東膜蕨／密葉卷柏等
歷時　10天左右
其他　雖然剛設置不久，但植物的生長已可看出變化，展現出各種不同的
　　　風情。設計概念為「帶有季節性的開放式生態缸」。後方底座是用
　　　熱熔膠將椰殼纖維墊與保麗龍黏在一起。此生態缸是擺在Exotic
　　　cafe Moo（和歌山縣田邊市南新町136 2F）櫃台後方的展示箱

預計讓變色龍待在樹枝上，所以將樹枝牢牢固定在天花板上。

DATA 小型有尾類生物專用生態缸

箱子　熱帶雨林缸專用箱
過濾　無
底材　缽底石／土壤型沙類
照明　30㎝專用LED
動物　無（預計飼養蠑螈）
植物　黃松蘭／山蘇花／威氏鐵角蕨
　　　／常春藤鱗果星蕨／單蓋鐵線
　　　蕨／腎蕨／萊氏鐵角蕨／雙面
　　　蕨／蛇足石杉／伏石蕨／團扇
　　　蕨／提燈苔／大灰苔／羽苔／
　　　絹蘚／脈羊耳蘭
歷時　約1週
其他　背面是用保麗龍與椰殼纖維墊
　　　製成，裡面的植物是由南紀植
　　　物組成，平常會以噴霧進行溼
　　　度管理

DATA 箭毒蛙專用熱帶雨林缸

箱子　30×30×45（h）㎝的熱帶雨林缸專用箱
過濾　無
底材　熱帶雨林缸專用低底床／土壤型沙類
照明　30㎝爬蟲類專用飼養燈
動物　無（預計飼養黃帶箭毒蛙）
植物　絹蘚／日本鳳尾蘚／大灰苔／小鳳梨／水塔花
　　　鳳梨／斑葉蘭／雷葆花鳳梨／擎天鳳梨「泰瑞
　　　莎」／崖角藤屬植物／胡椒屬植物／生芽鐵角
　　　蕨／姬軒忍／威氏鐵角蕨／書帶蕨／狹頂鱗毛
　　　蕨／伏石蕨
歷時　約1個月
其他　背面使用EpiWeb，早上、傍晚與夜晚都會朝
　　　整個缸內噴霧

德國生態缸，擁有超越常規的容積，巨大得連人都可以進入！

這也是德國的生態缸，有效運用了樓梯下方的空間。

將大型觀賞鳳梨連盆一起擺入生態缸（德國），這種寬闊的大葉片對箭毒蛙來說是良好的產卵環境。

布置了許多藤蔓狀的枝葉，讓植物從上方垂下來（德國）。

德國的箭毒蛙生態缸，也經常設有噴霧系統。

歐洲的生態缸

穿梭在綠意中的黃金箭毒蛙（德國）。

美洲鬣蜥的生態缸（德國）。

刺尾岩蜥「Thousand form」

維持在野外生活的習性，潛藏在岩石縫隙間。

DATA 還原岩蜥優遊的岩石地形

箱子　前開式專用箱／90×45×45(h)㎝
過濾　無
底材　水草專用泥土（小顆粒）
照明　金屬鹵化物燈20W／全光譜燈20W／小型風扇
動物　刺尾岩蜥「Thousand form」×2
植物　空氣鳳梨／岩牡丹屬植物等
歷時　設置至今約3個月
其他　均衡地配置木化石與樹枝沉木，仿效刺尾岩蜥
　　　「Thousand form」的棲息地打造出岩石地
　　　形。刺尾岩蜥「Thousand form」經常上下爬
　　　動，巧妙的箱中配置讓人能夠欣賞牠們的行動。
　　　箱中僅上側覆蓋網片。平常除了管理、餵餌、
　　　清除糞便等汙垢之外，每2、3天就會對著空氣
　　　鳳梨噴霧1次（不會在白天進行），並為水容器
　　　補水

DATA　繁殖箭毒蛙的巨大生態缸

箱子　240×240×240(h)㎝
底材　腐葉土等
照明　LED燈／白天時陽光會穿透玻璃窗的設計
動物　藍箭毒蛙／因巴布拉樹蛙／滑翔紅眼蛙／雙色猴樹蛙
植物　五彩鳳梨／附生鳳梨屬植物／水塔花等數種積水型鳳梨／愛心榕／花燭屬植物／大鶴望蘭
管理　每天1～2次用降溫噴霧機噴霧（依季節調整次數與時段）
歷時　1年
其他　照片為打造完成後1年的景象，藍箭毒蛙都長大開始產卵了。這裡是用空調管理溫度。製作者透過介紹生態缸的書籍，發現國外愛好者會打造巨大生態缸，非常訝異，因此自己也想製作一個，便向日本同樣打造出巨大生態缸的愛好者請益後自製完成。製作者期望布置出蛙類能自然繁殖的環境，以成為日本首位雙色猴樹蛙繁殖者為目標

雙色猴樹蛙

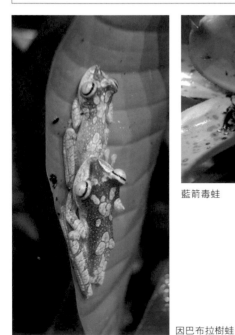

藍箭毒蛙

因巴布拉樹蛙

滑翔紅眼蛙

DATA 仿效棲息地的豹紋守宮生態缸

箱子　爬蟲類、兩棲類專用玻璃箱／52×26.5×34(h)㎝
底材　鬆獅蜥專用沙，製造原料是植物，所以就算守宮不小心吃到也沒關係
照明　無。需要光照時會於 8:00～16:00 間用爬蟲類專用燈（4W）照射
動物　豹紋守宮「橘化」
管理　例行管理程序包括每天換水、早上與傍晚各朝著牆面大量噴霧 1 次，以及看到糞便就清掉
其他　骷顱頭造型的爬蟲類專用遮蔽物，是此生態缸的視覺焦點。此外，也藉熔岩板堆疊出高低
　　　起伏的地形。水容器藏在樹枝沉木的後方，箱中使用的沉木均不加以固定。豹紋守宮出乎
　　　意料地好動，透過這種配置可以發現牠們多少也會攀高

DATA 人工打造的岩石地形

箱子　滑門式專用箱／
　　　120×45×45(h)㎝
過濾　無
底材　細沙
照明　爬蟲類專用日光燈
動物　北非刺尾蜥×2
植物　無
其他　這是專賣店飼養商品的展示箱，會
　　　視情況變更照明等。發現糞便後也
　　　會馬上清除

北非刺尾蜥

全景

上方的照片是岩石地形生態缸的製作過程，依需要的形狀切割保麗龍（五金行等販售的即可）後，就可以開始組合成底座了。決定好位置就用矽利康黏著，抹上水泥後再以油性噴漆修飾。矽利康與水泥塗抹後都要靜置一陣子，等確實乾燥再執行下一步。這裡最初飼養的是犰狳蜥。

傑克森變色龍（merumontanus 亞種）

DATA 住在七里香森林裡的變色龍

箱子　滑門式專用箱／120×45×60（h）㎝
過濾　排水管＋滴水型餵水器
底材　輕石＋觀葉植物專用土壤
照明　金屬鹵化物燈70W／聚光燈75W／日光燈
動物　傑克森變色龍（merumontanus 亞種）×2
植物　七里香
歷時　設置至今約3個月
其他　這是專賣店飼養商品的展示箱，會視情況變更照明
　　　等。朝著金屬鹵化物燈生長的七里香非常有精神，
　　　甚至超出了上蓋

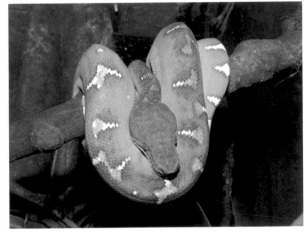

翡翠蟒

溪蘚

藉水中過濾器帶來水的流動。

設有排水管。

DATA 打造巨大生態缸，讓棲息在樹上的蟒蛇休息

箱子　滑門式專用箱／90×90×120（h）㎝
過濾　水中過濾器（水池）／排水管／海水魚專用強力馬達（抽水用）
底材　蛇木材等
照明　金屬鹵化物燈150W／爬蟲類專用日光燈2.0×2／爬蟲類專用日光燈
　　　5.0×2
動物　翡翠蟒
植物　黃金葛／龜背竹／溪蘚／羽苔等
歷時　設置至今約1年
其他　背面設置蛇木板，水會從上方的PVC管流下，日常管理以補水為主

DATA 洋溢玩心且壯觀的非洲開放式生態缸

箱子　自製箱／254×60×31(h)㎝
過濾　無
底材　輕石＋碳片／草坪用覆土＋河砂7:3／砂礫
照明　金屬鹵化物燈70W×3／紫外線燈20W
保暖　加溫設備100W／加熱墊×2（底面）／小型風扇×4
動物　鋸緣星叢龜×3
植物　蓋果漆屬植物／沙漠蘇木／棒錘樹屬植物／空氣鳳梨／龍血樹／酒瓶
　　　蘭等
歷時　設置至今約1年
其他　鋸緣星叢龜屬於小型陸龜，棲息在南非，這個生態缸就是仿效棲息地
　　　所打造的，是經過防水加工的木製箱。箱中備有能夠充分活動的寬敞
　　　空間，以及數座遮蔽物。分布於各處的鍬形蟲等標本，都經過3個月左
　　　右的乾燥後才以矽利康黏著。這個生態缸對陸龜與欣賞者來說，都舒
　　　適惬意。箱子的兩側設有網片與風扇，能夠促進空氣流通，據說良好
　　　的通風讓這些陸龜的整體狀況都明顯變好了。雖然養在其中的都是野
　　　生個體，但是每一隻都在箱內悠開地活動著

箱內布置了許多充滿異國風情的塊根植物（根莖粗壯厚實的植物）。

鋸緣星叢龜屬於小型陸龜，花紋相當優美，但是流通量極少，是特別難養的龜類。能將鋸緣星叢龜養得這麼好的功臣，就是寬敞的活動空間與高通風環境。

大型植物每5天要為粗壯的樹幹灑一次水，小型植物則為每3天一次。

整體空間相當寬敞，有植物茂密的區域、活動區域、溫暖區域與遮蔽物等，讓鋸緣星叢龜能夠自行移動到喜歡的地方。

DATA 在蓋果漆屬植物林中散步的珍龜

箱子　自製箱／150×60×31(h)cm
過濾　無
底材　輕石＋碳片／草坪的覆土＋河砂7:3／砂礫
照明　金屬鹵化物燈70W×3／紫外線燈20W×3
保暖　加溫設備100W／加熱墊×2（底面）／小型風扇×3
動物　斑點珍龜／納米比亞珍龜×2
植物　蓋果漆屬植物／沙漠蘇木／龜甲牡丹×2／鯊魚掌屬植物／棒錘樹屬植物／空氣鳳梨等
歷時　設置至約3個月

其他　設計這個生態缸時，一邊想像著珍龜越過岩石走動的模樣，因此栽種了充滿異國風情的植物，並設有具高低起
伏的地面和岩石地形。雖然箱中環境複雜，但網狀側面與攪動空氣的風扇賦予其卓越的通風性。製作者在設置
風扇時，先關緊所有門窗後以線香確認空氣流動的方向，再依此調整風扇角度避免空氣不流通。珍龜向來很難
長期飼養，但是牠們在這裡卻到處爬來爬去，似乎很享受受這裡的地形起伏

蓋果漆屬植物林。

金屬鹵化物燈與風扇。

巨大的棒錘樹屬植物。

岩牡丹屬的仙人掌，左邊為龜甲
牡丹，右邊為連山錦。

納米比亞珍龜夫妻。

斑點珍龜是非常珍貴的品種。

日常維護時會清除糞便、更換水容器的水，每3天會於上午朝著植物噴霧一次。

赫曼陸龜飼育場。由於是在戶外圍起一個區域來飼養，溫度、溼度與明暗變化都與野生無異，這種以人工方式重現自然環境的做法，可說是生態缸最理想的型態。

採訪時，同時看到兩隻赫曼陸龜挖洞產卵。動物能夠在親手打造的環境中繁殖，對飼養者來說是再開心不過了。

池子是以水管供水，髒水會排到旁邊的產業用水溝裡。這裡的赫曼陸龜也會自然地在此繁殖。

可以看見日本石龜、金龜、巴西龜泳姿的水池，與上面的陸龜生態區一樣，備齊了所有飼養所需條件。這些養在寬闊戶外場地的龜類，不管是行動還是外觀看起來都很健康。

從自然界獲得飼養環境的設計 靈感

……斯里蘭卡……

乾燥的沙漠地區，地面沙子都是紅色的。

俯瞰叢林的景色，可以看見右邊茂密的枝葉與水源。

植物稀疏散布的乾燥地區。

偏乾燥的草原與溼地。

在山中流淌的瀑布，讓人不禁想依此打造凹型構圖的生態缸，並以石板等製作瀑布。仿效這種景色做出來的生態缸，應該很適合小型蜥蜴。

生態缸裡的居民
●
箭毒蛙

蛙類通常都是夜行性，白天會躲在陰暗的地方，這是為了抵禦外敵並防止乾燥。而擁有鮮豔警戒色的箭毒蛙則是其中的例外，牠們會大大方方地在白天活動，因此飼養時會有很多觀察的機會，不但能看見牠們獵食，幸運的話，還能親眼見到牠們繁殖。飼養箭毒蛙的一大樂趣在於可觀察到豐富的生態，例如：看見成蛙揹著蝌蚪、在觀賞鳳梨葉片間的小水窪發現卵等。

皇冠箭毒蛙
Ranitomeya benedicta
體長約1.8cm，鮮紅色的頭部就像戴了面具一樣。

斑點紅草莓箭毒蛙
Oophaga pumilio "Batismentos"
體長約2.5cm，屬於半樹棲型，照片中為正在叫的雄蛙。

藍腿紅草莓箭毒蛙
Oophaga pumilio "Almirante"
體長約2cm，屬於半樹棲型，是格外鮮豔的紅色品種。

星點箭毒蛙
Ranitomeya vanzolinii
體長不滿2㎝的小型樹棲種，黑色身體與黃色斑紋形成美麗的對
比。

紅背箭毒蛙
Ranitomeya reticulatus
體長約1.5㎝，是世界上最小的箭毒蛙之一，屬於地棲型。

金條箭毒蛙
Ranitomeya lamasi
體長接近2㎝，樹棲型，繁殖成功的案例極少，令愛好者們垂涎
不已。

神祕箭毒蛙
Excidobates mysteriosus

體長2.5cm的樹棲種,獨特的體色與斑紋別具一格。

紅額箭毒蛙
Ranitomeya uakarii

體長接近2cm的樹棲種,由橙轉黃的線條是一大特徵。

齊亞曼箭毒蛙
Ranitomeya variabilis

體長接近2cm的樹棲種,璀璨的體色會隨著角度變化,可以說是最美麗的品種之一。

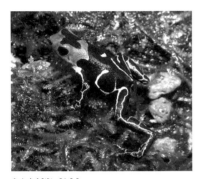

紅頭箭毒蛙
Ranitomeya fantasticus

體長接近2cm的樹棲種,照片是人稱紅頭或蝴蝶的品種。

藍箭毒蛙
Dendrobates tinctorius "Azureus"

體長4cm的地棲種,斑紋大小、形狀與色彩深淺都五花八門。

黃帶箭毒蛙
Dendrobates leucomelas

體長4cm的地棲種,高對比的黃黑體色很受歡迎。

紅艷箭毒蛙
Oophaga sylvaticus

體長4.5cm的地棲種,特徵是鮮紅的身體、混有紅色或黑色花紋的四肢。

綠色箭毒蛙
Dendrobates auratus

體長3~4cm的地棲種,品種相當多。

青銅綠型綠色箭毒蛙
Dendrobates auratus "Bronze & Green"

體長4cm,青銅色的體色會隨著成長逐漸顯現出來。

艾拉妮絲染色箭毒蛙
Dendrobates tinctorius "Alanis"

體長5.5㎝的地棲種，四肢帶有本種的特徵——藍色斑紋。

巴西染色箭毒蛙
Dendrobates tinctorius "Brazil"

體長5.5㎝的大型種，深藍色搭配黃色相當優美。

香茅染色箭毒蛙
Dendrobates tinctorius "Citronella"

體長6㎝的大型種，待在生態缸裡非常顯眼，屬於地棲型。

潑彩箭毒蛙
Adelphobates galactonotus

體長4㎝左右的地棲種，以橘色或紅色品種最常見。

黑腿箭毒蛙
Phyllobates bicolor

體長4.5㎝的地棲種，叫聲優美。

綠畫眉箭毒蛙
Phyllobates aurotaenia

體長3.5㎝的地棲種，四肢與側腹都有細點花紋，猶如星空。

天藍箭毒蛙
Hyloxalus azureiventris

體長2㎝，腹部為天藍色，叫聲優美。

三色箭毒蛙
Epipedobates tricolor

體長2.5㎝左右的地棲種，又稱為幽靈箭毒蛙。

三線箭毒蛙
Ameerega trivittatus

體長5㎝的地棲種，斑紋與線條的顏色依品種而異。

生態缸裡的居民
·
樹棲型蛙類

許多以樹上為主要生活場所的蛙類，也在生態缸中擔綱主角，展現出在植物枝葉間靈活行動的模樣，有時甚至能見證牠們孕育新生命。生活環境裡有植物會比較穩定的蛙類，有不少外型都神似枝葉形狀或花紋。棲息在樹上的蛙類一般不喜歡悶熱環境，所以請為牠們準備通風良好的飼養箱。在選擇植物與布置時，也別忘了考量動物的體型與力量。

藍邊雨蛙
Agalychnis annae
體型比紅眼樹蛙纖細，眼睛也比較小的稀有種。側腹與四肢都帶有淡藍色，散發出獨特的氣息。虹膜是黃色的，所以日本稱之為「黃眼雨蛙」。飼養時建議配置大量的寬葉植物。

白線猴樹蛙
Phyllomedusa vaillantii
背部平坦，整體外形有稜有角，和其他蛙類一樣棲息在河川等水源附近的樹上，布置飼養箱時可以仿效中南美叢林，但是要注意牠們不耐悶熱，夏季時應保持乾燥。

紅眼樹蛙
Agalychnis callidryas

體長最長可達7cm，綠色的身體、紅眼睛與藍色側腹都很美，非常受歡迎，主要分布在中美洲。以前普遍認為紅眼樹蛙難養，但是近來日本有愈來愈多繁殖成功的案例。為其打造生態缸時，應準備紅眼樹蛙能夠停駐休息的寬大葉片。

蠟白猴樹蛙
Phyllomedusa sauvagii

蠟白猴樹蛙能夠分泌出「蠟狀」物質，並塗抹在身上以避免乾燥。牠們在樹枝上移動時通常採取步行，很少跳躍，所以飼養時建議依體型配置適合水平移動的樹枝。

虎紋猴樹蛙
Phyllomedusa hypochondrialis

在葉泡蛙屬中體型偏小，常飼養在綠意豐沛的生態缸。與一般日本蛙類給人的印象不同，牠們的四肢沒有蹼，是抓著枝葉來移動，行動非常緩慢。虎紋猴樹蛙白天都會在葉片上等處休息。

巨人葉蛙
Pachymedusa dacnicolor

分布在墨西哥，又名墨西哥巨人葉蛙。身形粗壯，體長約8cm，中型。牠們的虹膜如星空般美麗，相當迷人。飼養時要特別注意通風問題，牠們不喜歡溼漉漉的環境。

滑翔紅眼蛙
Agalychnis spurrelli

長得與紅眼樹蛙非常像，但是虹膜顏色不同，是比本種顏色更深的葡萄酒紅色。滑翔紅眼蛙的腹側沒有藍色或黃色花紋，有些個體的背部會有白色斑紋。是整體形象相當優雅的樹蛙。

網紋玻璃蛙
Hyalinobatrachium valerioi

以透明身體聞名的玻璃蛙，斑紋與體色都會擬態成自己的卵。市面上的網紋玻璃蛙流通量本來就很少，近年來又變得更為罕見。體長僅2cm左右，是非常小型的品種。

美國樹蟾
Hyla cinerea

美國原產的樹蟾，比日本樹蟾大了一圈，臉部線條更為俐落。下唇至腹側的白色線條是其一大特徵。美國樹蟾白天多半在葉片上休息，所以建議為牠們準備葉寬符合體型的植物。

碧玉樹蛙
Sphaenorhynchus lacteus

看起來像某種點心的樹蛙，身體就像牠的名字一樣，是微透明如碧玉般優美的綠色。臉部形狀相當獨特，頭部平坦但前端尖起。通常待在水源處，所以飼養時請為牠們設置水池。

棘無囊蛙
Anotheca spinosa

較大型的樹蟾，後腦杓突起有如戴著皇冠。牠們通常會在積水的樹洞等處繁殖，所以飼養時請設置筒狀樹皮、有洞穴的粗樹枝等，幫助牠們安定下來。目前日本已經有繁殖成功的案例了。

中國樹蟾
Hyla chinensis

可以說是大陸版的日本樹蟾，特徵是鼻尖至眼後的黑色帶紋，以及腹側至腿部內側的黃色花紋與黑色斑紋。中國樹蟾主要分布於中國、台灣與越南，飼養時應布置較多的植物。

灰樹蛙
Hyla versicolor

北美的小型樹蟾，比日本樹蟾大上一圈。雖然擁有少許變色能力，但是通常會維持在灰色，能夠在以綠色為主的生態缸裡散發出強烈的存在感。從某些角度看會露出來的、蛙腿內側的黃色非常鮮明。

哥倫比亞樹蛙
Hyla punctata

特徵為綠色身體中穿插著許多小小的紅紫色斑紋，以及鼻尖至腰部的同色線條。但是藍紫色的斑紋會依心情變成鮮豔的黃色，看起來簡直就像其他品種的蛙類。很適合養在飼養箱中。

犬吠蛙
Hyla gratiosa

分布在美國的樹蟾，體型厚實，部分個體帶有斑紋。以樹蟾來說屬於中型體型，帶有圓潤感的身體線條看起來相當可愛，再加上很好養的關係，使其成為主流寵物蛙之一。

松鼠樹蟾
Hyla squirella

北美的樹蟾，尺寸與外觀神似日本樹蟾，但是叫聲很像松鼠。養在生態缸內時，和日本樹蟾一樣能經常觀察到變色。可以參照日本樹蟾的飼養原則。

錫那羅亞鴨嘴樹蛙
Triprion spatulatus spatulatus
（*Siaglena spatulata spatulata*）

極富特色的臉型會隨著成長益發明顯，比鴨嘴樹蛙多了白色斑紋，看起來更加優雅。體型比鴨嘴樹蛙大上兩圈。

鴨嘴樹蛙
Triprion petasalus

世界上竟然有臉型如此奇特的樹蛙！正如其名，鴨嘴樹蛙的鼻尖為扁平狀，乾季時通常會躲在樹洞等處，用臉部塞住洞口以避免乾燥。這是非常珍貴稀有的品種，不過日本市面上也有人工繁殖的個體。

翡翠眼樹蛙
Hyla crepitans（*Hypsiboas crepitans*）

分布在中美至南美的中型樹蟾，虹膜與本種不同，泛著綠意且相當優美。牠們會在關燈後開始活動，夜間用手電筒悄悄觀察生態缸就能觀察到。

藍指樹蛙
Hyla heilprini（*Hypsiboas heilprini*）

市面上流通量極少的珍貴樹蟾，虹膜顏色介於金色與黃色之間。為這類在樹上活動的蛙類布置生態缸時，必須依牠們的體型準備寬葉植物，讓牠們得以在葉片上休息，同時要準備粗樹枝方便牠們活動。此外，也不能輕忽通風問題。

哈氏樹蟾
Hyla hallowellii

分布在琉球的樹蟾，體型比本島的日本樹蟾纖細。相較於常見於草地或田園的日本樹蟾，哈氏樹蟾棲息在樹林或森林裡，有時順著鳴叫聲望去，會發現牠們出現在高得驚人的樹枝上。

日本樹蟾
Hyla japonica

日本最貼近生活的蛙類之一，變色能力很優秀，有時全身僅單一綠色，有時則會帶著灰色甚至是出現花紋，養在生態缸內同樣可經常看見這些變化。在布置生態缸時，不妨實際到日本野外走走，按照會遇見牠們的環境來布置吧！

日本樹蟾（白化）
Hyla japonica

屬於色彩變異的一種，大自然中鮮少遇見，有些個體的體色偏黃，有些則泛著粉紅色。牠們與其他棲息在樹上的蛙類相同，建議準備較寬敞的飼養箱以維持良好的通風，飼養方式與一般日本樹蟾無異。

日本樹蟾（色彩變異）
Hyla japonica

日本樹蟾除了白化以外，還有豐富的變異個體，目前已知的包括全身藍色或黃色、透明皮膚等。照片中的個體眼睛也出現變異，幾乎看不見虹膜的金色，只剩下大大的黑眼球，非常可愛。

牛奶蛙
Phrynohyas resnifictrix

獨特的花紋配色很受歡迎，在日本以外的國家還可看見人工繁殖的幼體。由於眼睛為金色虹膜中帶有十字花紋，因此日本名稱為十字目毒雨蛙。在飼養箱中配置可以承受牠們面積、重量的植物，以及帶有洞孔的沉木等，應該能看見牠們跳上去使用的模樣。

毒雨蛙
Phrynohyas venulosa

廣泛分布於墨西哥至中美、南美大陸，日本進口的個體產地五花八門。毒雨蛙的體長長達10㎝，頗具分量，帶有條紋的四肢相當可愛。虹膜有精緻的金紋，非常優美。

理紋樹蛙
Hyla marmorata
（*Dendropsophus marmoratus*）

小型的樹棲種，夜行性。雖然配色如樹皮般樸素，但是趴在玻璃等透明面時，就會露出花紋華麗的腹部，充滿視覺衝擊力。飼養時建議仿效南美叢林打造飼養箱。

蜂巢樹蛙
Hyla leucophyllata
（*Dendropsophus leucophyllatus*）

優美的小型雨蛙，以模樣多變的花紋聞名。棲息在南美森林裡，適合通風良好又配置充足植物的飼養箱。特徵為指尖與腹側的紅色花紋，相當受歡迎。

白氏樹蛙
Litoria caerulea

從很久以前就被當成寵物蛙飼養的大型蛙，養起來很簡單。白氏樹蛙進食狀況良好，彷彿總是在笑的表情相當可愛，頭皮會隨著老化逐漸下垂。飼養箱建議配置穩定且粗壯的樹枝，讓牠們跳上去也不怕倒塌。

綠紋樹蛙
Litoria aurea

後肢的蹼很發達，體型就像日本的黑斑蛙。同樣棲息在水邊，因此用來飼養綠紋樹蛙的生態缸很重視地板面積，必須設置寬敞的水池。綠紋樹蛙與白氏樹蛙一樣，進食狀況良好，養起來不難。

沙漠雨濱蛙
Litoria rubella

雨濱蛙屬列在澳雨蛙亞科之下，分布在澳洲、新幾內亞，生活史相當豐富。雖然名稱中有沙漠二字，但是分布地區相當廣泛，從乾燥地區到潮溼地區都找得到。

黑掌樹蛙
Rhacophorus nigropalmatus

蹼非常發達的大型飛蛙，不僅進口量很少，很多個體在進貨時的狀態就非常差了。請為牠們準備寬敞的生態缸，裡面種滿茂密的大型植物——光是想像就讓人充滿期待。

黑蹼樹蛙
Rhacophorus reinwardtii

飛蛙一直以來都很容易在進口時生病，人們視其為難養的動物，但是近幾年情況已經改善很多。飼養訣竅為準備通風良好的寬敞生態缸，夏季時要特別注意高溫的問題。

越南苔蘚蛙
Theloderma corticale

正如其名，全身都是苔類紋路，主要棲息在越南山上的溪流附近。牠們一旦藏在苔類中，就會幾乎與環境同化，非常難找到。在生態缸中經常跳進水池裡，所以應準備寬敞的水池空間。

紅腹錦蛙
Nyctixalus pictus

在日本市場以 pearl eye tree frog 的名字流通，擁有獨特體色與珍珠般的雙眼，是極富魅力的小型樹棲種。有些難養，最大的難關是夏季高溫等因素。日本的進口量不多。

施氏樹蛙
Rhacophorus schlegelii

與喬木樹蛙一樣，會製作出泡巢後產卵黏上去，但是施氏樹蛙的泡巢會產在草叢或土壤等地面附近。施氏樹蛙就像小型版的喬木樹蛙，但是眼睛為金色，養在生態缸時會充分利用所有場所。

喬木樹蛙
Rhacophorus arboreus

日本具代表性的美麗物種，會依地區或個體出現斑紋等差異，有全身都無花紋的個體，也有全身都有紅斑的個體。喬木樹蛙以在樹上製作泡巢聞名，體型相當大，所以需要粗壯穩定的樹枝。

紅紋曼蛙
Boophis rappioides

馬達加斯加有許多小型的樹棲種蛙類，日本經常進口許多迷人的品種，紅紋曼蛙就是其中之一。牠們綠色的半透明身體上有著紅色斑紋，起始於鼻尖的黃線會穿過眼睛延伸到肩膀。飼養環境可參照其他的樹棲種。

紅眼曼蛙
Boophis luteus

與有名的紅眼樹蛙相似，但是身體比較透明，具有紅色漸層虹膜。紅眼曼蛙棲息在熱帶雨林裡，較大隻的體長約6cm。夜間偷偷觀察生態缸時，可以發現紅色的大眼睛在綠意中相當顯眼。

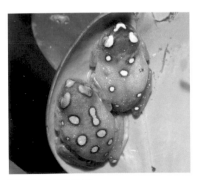

阿格斯蘆葦蛙
Hyperolius argus

分布在非洲大陸的蘆葦蛙科中，以棲息在草叢等處的品種最具代表性，包括眼睛很大的小黑蛙屬及肛褶蛙屬。阿格斯蘆葦蛙即是相當經典的一種，適合仿效莽原布置的環境。

阿非蛙類
Afrixalus ssp.

阿非蛙在日本稱為香蕉蛙，雖然外型類似黃皮白肉的香蕉，但是之所以稱為香蕉蛙，是因為經常在水邊香蕉葉發現牠們蹤跡的關係。阿非蛙類的體色會轉變成鮮明的白色或是暗黃色等，看起來就像成熟的香蕉，相當獨特。

非洲大眼蛙
Leptopelis vermiculatus

擁有大眼睛與可愛的臉型，有時會以「大眼樹蛙」的名稱在日本市場流通。非洲大眼蛙很強壯、好養，算是樹棲種的入門款。體長約6cm，屬於中型種，但是整體看起來頗具分量。

生態缸裡的居民
●
地棲型蛙類

棲息在地面上的蛙類，比較少人養在生態缸裡。或許是因為
牠們喜歡潛入土壤，容易傷及植物根部的關係吧？地棲型蛙
類的生活環境中，當然也有豐富的植物，牠們的排泄物經由
土壤微生物分解後，會化為養分被植物根部吸收。想要將牠
們養在空間有限的生態缸時，大型個體的排泄物可不能仰賴
土壤細菌分解，必須由飼主頻繁地清理。植物則可以種在不
容易被傷到的高處，或是在植物周遭配置沉木或岩石等保
護。

紫色丑角蟾蜍
Atelopus spumarius barbotini
是丑角蟾蜍的地區個體群，通常會將紫色丑
角蟾蜍視為亞種，偶爾可以在歐美市場看到
繁殖個體。建議為其準備用落葉等打造的遮
蔽物。這種斑蟾屬分布在中南美洲，適合
20～22℃的環境。

丑角蟾蜍
Atelopus spumarius
外貌有如箭毒蛙的小型蟾蜍。種類豐富，但是日本幾乎都沒有引
進。臉部偏尖，體型特別小，飼養環境可以參照黃帶箭毒蛙，但
是個性比較神經質。

黃蜂蟾
Melanophryniscus stelzneri
體長不到3㎝的小型種，配色如箭毒蛙般優美──漆黑身體上有
大量黃色小斑紋，有如夜間街景。四肢掌心為鮮豔的紅色，主要
分布在南美洲水源附近的草叢。

美國綠背蟾蜍
Bufo debilis（*Anaxyrus debilis*）
扁平體型的小型蟾蜍，綠色身體上帶有黃色與黑色的斑紋。為其打造飼養環境時，可以仿效略微乾燥的草原。美國綠背蟾蜍的生態缸需要寬闊的地板面積、小水池與遮蔽物。牠們適合有適度水源的偏乾燥環境。

南部蟾蜍
Bufo terrestris（*Anaxyrus terrestris*）
體型笨重的蟾蜍，體色與花紋均五花八門。南部蟾蜍如日本常見的蟾蜍般，會在住宅區、草地與林中等多樣環境中出沒。牠們平均體長約8cm，屬於中型，強壯好飼養，很適合新手。

綠蟾蜍
Bufo viridis（Pseudepidalea viridis）

廣泛分布在歐洲的中型蟾蜍，身體比較長。或許是因為棲息在多變的環境裡，牠們對乾燥環境耐受力強，非常強壯易於飼養，適合養在各式各樣的生態缸中。

三角枯葉蛙
Megophrys nasuta

外貌如落葉般的大型蛙類，擁有優秀的擬態技術，能夠連落葉破損與發霉都模擬出來。為棲息在叢林地面的枯葉蛙布置生態缸時，只要配置落葉，牠們即可完美地融入其中。幼體長得就像木屑般。

豹紋紅腿蛙
Kassina maculata

主要分布在非洲大陸潮溼地區的地棲種，屬於蘆葦蛙的一種。牠們的後肢根部有紅色花紋，雖然會以步行的方式移動，但是也很喜歡跳上跳下，所以建議在生態缸中配置可兼做遮蔽物的沉木，並種植適量的植物。

金色曼蛙
Mantella aurantiaca

曼蛙是棲息在馬達加斯加森林的小型種，通常像南美箭毒蛙一樣擁有華麗的色彩。金色曼蛙全身布滿均一體色，從黃色到橙色的都有，同時也有機會找到紅色個體。耳朵一帶有黑斑的則是黑耳曼蛙。

彩曼蛙
Mantella pulchra

市面上流通量大，部分個體的小腿處帶有鮮紅色。通常比箭毒蛙更神經質、更膽小，目前沒聽過人工繁殖成功的案例。

巴倫曼蛙
Mantella baroni

配色獨特，外觀宛如穿著黑色開高衩泳裝，所以在日本又稱為開高衩曼蛙。大部分的曼蛙都個性害羞，但是巴倫曼蛙不像其他曼蛙總是躲起來，能夠為生態缸增色。

綠色曼蛙
Mantella viridis

寵物蛙中的入門款，很多人都養得很好，流通市場上又稱為綠彩蛙。配色沒有其他品種那麼強烈，但是沉穩的色彩更顯獨特。建議為其安排如潮溼樹林地面般的生態缸。

黃曼蛙
Mantella crocea

腿部有紅色花紋，但是平常幾乎看不見，日文名稱為紅腿曼蛙。黃曼蛙的花紋為褐色或綠色身體搭配側邊黑線，乍看平凡無奇，但跳躍時會露出紅色的腿部，令人印象深刻。黃曼蛙屬於較難養的蛙種。

紅椒蛙
Phrynomantis microps

地棲型的蛙類，頭小身體長，和錦蛙同屬姬蛙科。跟姬蛙科的其他品種一樣，嘴巴特別小，必須準備較小的昆蟲餌。主要分布在非洲的極端乾燥草原等。

人面狹口蛙
Plethodontohyla tuberata

體長約4cm的小型姬蛙，分布在馬達加斯加。布置生態缸時，建議在地面擺設石塊或沉木等，多準備幾個遮蔽物。有時會潛入土壤中，所以要等植物穩定扎根後，再把牠們放進箱中。

散疣短頭蛙
Breviceps adspersus

有圓滾滾的球狀身體、形狀獨特的小臉蛋和短短的四肢，非常受歡迎，日本每次一進口就銷售一空。牠們幾乎都潛藏在地下，所以建議鋪設較厚的黑土等，並打溼局部土壤。

灰番茄蛙
Dyscophus insularis

體型比一般番茄蛙小，體色為褐色或淺褐色，配色相當樸素。生態缸裡適合鋪設落葉、樹枝與沉木等。灰番茄蛙很少離開遮蔽處，偶爾會在餵餌等時候露臉。

理紋肩蛙
Hemisus marmoratus

體長約3cm的小型地棲種，臉部又小又尖。分布在非洲乾燥草原等，主要都在地下活動，因此建議鋪設較厚的赤玉土，且土壤必須局部濕潤，不能全部都呈乾燥狀態。

番茄蛙
Dyscophus guineti

正如其名，體型、體色與形狀都很像番茄，但是紅色的深淺度依個體而異，有些個體會偏黃或偏褐。飼養較大隻的個體時，要準備較深的水池，讓牠們得以浸泡全身。

彩虹犁足蛙
Scaphiophryne gottlebei

白底的身體上擁有帶著黑框的紅綠斑紋，鮮豔的配色使其在犁足蛙中特別受歡迎，但是養在生態缸時，幾乎都藏在遮蔽物或底材中。原生於馬達加斯加的彩虹犁足蛙分布範圍狹窄，平常都棲息在略微乾涸的溪谷。

馬島犁足蛙
Scaphiophryne madagascariensis

同樣有潛入土中的習性，所以底材要鋪厚一點。馬島犁足蛙的外觀特徵是接近黑色的褐色身體與綠色編紋。白天幾乎不會現身，直到夜晚才會跑出來獵食。牠們棲息在馬達加斯加，體長約4cm。

鐘角蛙
Ceratophrys ornata

屬於埋伏型獵手，會把身體埋進棲息的地面，等獵物經過面前時立刻
大口咬下。鐘角蛙很受歡迎，飼養時要鋪設較厚的底材。此外，建議
用沉木或碳片等保護植物根部，避免受到鐘角蛙傷害。

南美角蛙
Ceratophrys cranwelli

外型神似鐘角蛙，但是身體為褐色，且眼睛
上長有突起物，主要棲息在乾燥平原。市面
上幾乎都是人工繁殖的個體，但是仍有稀少
的野生個體，品種名稱五花八門。

杏仁南美角蛙

南美角蛙幼體可以養在塑膠水族箱內，箱內
要裝好淺水，並準備數塊比個體大一些的碳
片，以及能夠分解排泄物的活水苔，但是看
到糞便時還是要馬上清除。餵食蟋蟀時建議
先灑上鈣粉與維生素D3。

胡椒薄荷南美角蛙

南美角蛙體長超過5㎝後，就可以挪到放有
土壤的生態缸裡。這時建議布置隆起的小山
丘，將植物種在上面，並以碳片等覆蓋植物
根部，避免被南美角蛙挖出來。底材可使用
赤玉土等，輕石有誤吞的風險在，請盡量避
免使用。

亞馬遜角蛙
Ceratophrys cornuta

眼睛上方的角狀突起相當明顯，只有臉部肌膚埋伏著靜待獵物。會在潮溼的森林裡埋伏著靜待獵物。飼養時會有不吃餌的問題，個性也有些神經質，建議設置落葉等遮蔽物。

橙條汀蟾
Limnodynastes salmini

龜蟾科中以寵物蛙身分在市面上流通的，恐怕就只有這一種。分布在澳洲的橙條汀蟾，活動範圍為地面，且經常躲在土裡或是陰影處，所以生態缸中應設置適當的遮蔽物。基本上不難飼養。

負子蟾蜍
Alytes obstetricans

分布在歐洲，公蛙會將卵黏在後肢照顧，所以又稱為產婆蟾蜍。牠們喜歡潛入土中或是陰影處，建議準備多一點遮蔽物。此外，負子蟾蜍適合通風良好的環境。

波子角蛙
Chacophrys pierroti

主要分布在南美洲巴拉圭與阿根廷。體長約6cm，體型圓滾滾地就像角蛙，但是少了粗糙皮膚與角狀突起，可愛的外觀很受歡迎。飼養時必須鋪設較厚的底材。

日本蟾蜍
Bufo japonicus

貼近日本人生活的蟾蜍，山上、民宅附近或都會公園等，都有機會見到牠們的蹤跡。布置飼養環境時，可以參考角蛙的飼養原則，但是日本蟾蜍體型更大，要格外留意飼養箱的容量。

花細狹口蛙
Kalophrynus interlineatus

棲息在潮溼森林中，雨夜等時候會離開落葉四處活動。養在生態缸時，可參照這種習性，在夜晚關燈後大量噴霧，就有機會看見花細狹口蛙的身影。如發條玩具般僵硬的行動，也是牠的一大特色。

四川狹口蛙
Kaloula rugifera

市面上流通的狹口蛙以亞洲錦蛙佔大多數，但是偶爾也可以找到此類珍稀種。雖然平常都待在土壤中，但是飼養時仍須加蓋，否則牠們可能會攀著箱中邊角爬出來。

東方鈴蟾
Bombina orientalis

是價格便宜的寵物蛙，從很久以前就相當普遍。和紅腹蠑螈相似的腹部，就像有毒一樣，與鮮豔的背部都令人印象深刻。東方鈴蟾的水棲傾向高，平常都生活在水邊，建議打造水族箱般的生態環境，為其準備面積寬敞的水池。飼養與繁殖都相當容易。

紅眼長腕蛙
Leptobrachium hendricksoni

大眼睛從紅色到橙色都有，會與黑色組成漸層色彩。平常都躲在森林落葉下方等處，屬於相當難養的品種，可以餵食糙瓷鼠婦等行動較緩慢的餌，或是斜紋夜蛾的幼蟲等。

生態缸裡的居民
●
蠑螈／山椒魚

蠑螈、外國產有尾兩棲類若能養在生態缸中，也會成為極富魅力的寵物。在飼養這些動物時，必須視需求分設陸地與水池，有些甚至會在繁殖期變身成「水棲型態」，例如：尾巴變平坦等。許多人在飼養這類動物時就是以繁殖為目的，在生態缸中設置陸地與水池，將有機會看到多樣化的繁殖活動。建議配置大量植物、沉木、石塊等製造陰影處，最好還可以視不同時期加寬水池面積或水深，打造得有如水族箱般。

火蠑螈西歐亞種
Salamandra salamandra terrestris

主要在歐美繁殖的幼體，於市面上流通時會視為亞種的一種。牠們棲息在歐洲森林，平常會潛藏於倒地樹木等的下方。火蠑螈西歐亞種的蹼不發達，幾乎不會踏入水域，但是生態缸中仍必須設置水容器與遮蔽物。是胎生動物。

火蠑螈指名亞種
Salamandra salamandra salamandra

已知火蠑螈有許多亞種，大部分都是黑底配上黃、橙色的斑紋。斑紋色彩與形狀依個體而異，蒐集價值極高。不管是哪一種花色，火蠑螈都能在生態缸中散發強烈的存在感。飼養時要注意悶濕與高溫等問題。

大理石蠑螈
Triturus marmoratus

歐洲蠑螈的入門品種。除了擁有美麗體色外，還很強壯。公蠑螈在繁殖期背部會發達得有如背鰭，從體型到膚質都會轉變成能夠在水中生活的型態，除此之外的時期都在陸地上活動，只要養一種寵物就能夠體驗到水陸棲兩種樂趣。

紅斑蠑螈
Notophthalmus viridescens

較為常見的北美蠑螈，幼體為紅色，長大後會變成橄欖色。紅斑蠑螈的生活型態隨著成長階段而異，幼年時會在陸地上生活，長大後就改以水中為主。只要準備較小的昆蟲餌料就能輕易飼養。

紅腹蠑螈
Cynops pyrrhogaster

最貼近人們生活的有尾類，最近在市面上流通時，名稱上會標示產地。紅腹蠑螈的特徵依產地與個體而異，蒐集價值相當高。為其準備水池較寬的水族生態缸時，就有機會觀察到求愛行為等獨特的生態。

加州紅腹蠑螈
Taricha torosa

棲息在美國的蠑螈，全長接近20㎝，粗糙的皮膚較耐乾燥。棲息地包括各式水域附近，與日本蠑螈一樣穿梭於水域與陸地，皮膚會滲出劇毒，必須非常注意。

藍尾蠑螈
Cynops cyanurus

紅腹蠑螈的同屬種，非常好養，是人氣很高的寵物蠑螈。腹部為橙色，臉部一帶亦有橙色斑紋，相當可愛。公蠑螈的尾巴還帶有鮮豔的藍色。

黑斑肥螈
Pachytriton brevipes

蠑螈的體表幾乎都很粗糙，但是幾乎都在水中活動的肥螈例外。牠們的生態缸必須有大量的水，同時也要避免使用開放式的箱子。

尾斑瘰螈
Paramesotriton caudopunctatus

瘰螈屬的一種，表皮非常粗硬，水棲傾向高，必須準備大面積的水域。尾斑瘰螈的臉型獨特，是尖起的狹長形狀，偶爾會在爬蟲類與兩棲類專賣店等處見到。

土耳其星斑螈
Neurergus crocatus

星斑螈屬分布在伊朗、伊拉克與土耳其等中東、近東地區，或許是因為產地局勢不穩定的關係，市面上鮮少有機會看見，不過日本市場還是有從歐洲進口的繁殖個體。星斑螈屬的花紋算是較大的類型。

土耳其黃星斑螈
Neurergus strauchii

黑色身體搭配鮮黃色斑紋，相當豔麗，花色的對比較土耳其星斑螈強烈。牠們棲息在溪流附近，飼養時要常保水中清潔，且水溫最高不能超過20℃。

義大利大冠蠑螈
Triturus carnifex carnifex

冠歐蠑螈的亞種之一。大冠蠑螈的生活史相當獨特，一生中有在陸地生活的階段，也有在水中生活的階段，變態前後甚至有如不同物種。義大利大冠蠑螈變態至水棲時期時，背鰭狀的突起物會伸長，非常值得觀察。

多瑙河鳳頭蠑螈
Triturus dobrogicus

身體極長、四肢極短。進入水棲時期背鰭會特別發達，很受愛好者的歡迎。這個背鰭對公蠑螈來說，也是向母蠑螈示愛的武器。但是牠們變態至陸棲型態後有時會發生溺水的意外，要特別留意。

高山歐螈
Ichthyosaura alpestris alpestris

與鳳頭蠑螈一樣擁有陸棲與水棲兩種型態，水棲期除了背鰭狀突起物特別發達，背部至尾部也會出現漂亮的鮮明藍色。由於高山歐螈變態前後從外觀到飼養方法都不同，所以建議直接準備兩個不同的飼養環境。

金麒麟蠑螈
Tylototriton shanjing

黑底上有成列的橙色疣狀突出，市面上售有幾種相似的品種。雖然有隱藏的習性，但是與其他兩棲類一樣，會在繁殖期進入水域。平常都潛伏在森林落葉或倒地樹木下方，因此適合養在仿效林地的生態缸。

北方暗紋蠑螈
Desmognathus fuscus

臉型有如鴨嘴般扁平，相當獨特，是分布在美國的無肺蠑科之一。陸棲傾向強，生態缸中應配置可躲藏的落葉或遮蔽物等。此外，要避免高溫、注意通風良好，乾淨的用水也是重要關鍵。

雙線蠑螈
Eurycea bislineata

日文名稱為北雙線蠑螈，是小型的無肺蠑科，全長約10㎝。和箱根山椒魚一樣擁有突出的眼睛，外型相當可愛。由於牠們是夜行性動物，所以可以在關燈前噴霧促進牠們活動。

洞窟蠑螈
Eurycea lucifuga

體型狹長，體色為鮮紅底色加上黑斑，在市面上以 Cave salamander 的名稱流通。正如其名，洞窟蠑螈喜歡照不到光的昏暗場所，平常幾乎都躲在陰影處。飼養時要確保良好的通風，並注意夏日高溫。

黏液蠑螈
Plethodon glutinosus

在市場上以 Slimy Salamander 的名字廣為人知，是無肺蠑科的一種。體型偏大，最長可接近20㎝。正如其名，體表可以摸到黏答答的黏液。建議在生態缸中配置橫倒的樹幹或落葉等。

斑點鈍口螈
Ambystoma maculatum

優美的黃斑外觀與粗壯的體型備受喜愛，自古以來就有很多人飼養。喜歡藏在地底下，所以應鋪設較厚的底材，建議在植物根部附近設置岩石或沉木加以保護。

雲石蠑螈
Ambystoma opacum

比斑點鈍口螈小一圈，體型卻更為圓潤，相當可愛。土壤上鋪有苔類植物時，雲石蠑螈可能會潛入兩者之間。等適應箱中環境後，飼主光是站在生態缸前面，牠們就會跑出來討食。

鼴鼠蠑螈
Ambystoma talpoideum

在市面上以 Mole Salamander 的名稱流通，體型比同屬的其他品種笨重，以比例來說頭部相當大，惹人憐愛也很受歡迎。牠們通常會棲息在地下，應鋪設較厚的底材。沒有特定的流通販售時期。

美國紅蠑螈
Pseudotriton ruber

年輕成體為鮮紅色，但是體色會隨著年齡增長逐漸暗沉，最後變成橙色。身體與尾巴都很粗壯。美國紅蠑螈不耐高溫，通常會養在冰箱或酒窖裡。要飼養在一般空間時，應養在開冷氣的地方，或使用水族冷水機。

生態缸裡的居民

•

樹棲型蜥蜴

蜥蜴是相當龐大的群體,與蛙類一樣出沒在世界上各式各樣的環境裡。其中,會抓著樹枝在樹上移動的變色龍,能夠擬態成植物枝葉,所以飼養時配置植物有助於使牠們安定。樹蜥、攀蜥等較小型的蜥蜴與平尾虎亦同。此外,像殘趾虎等也是很常養在生態缸內的蜥蜴。

侏儒變色龍
Bradypodion damaranum

侏儒蜥屬相當受歡迎,有許多外觀優美的小型種。牠們的體色變化明顯,光是欣賞就令人開心。飼養時應注意通風,保持環境乾燥、避免溼熱,如此便能養出較為健康的個體。

孔雀變色龍
Trioceros wiedersheimi

正如其名,雄性個體亢奮時的體色宛如孔雀,是非常美麗的變色龍。適合養在生態缸裡,需要大量植物與較寬闊的飼養空間,為其設計具日夜溫差的環境時會養得更好。

雨林珠寶變色龍
Furcifer campani

又稱寶石變色龍,是配色如珠寶的優美小型種,帶圓潤感的體型惹人憐愛,因此非常受歡迎。牠們棲息在馬達加斯加的山上,十分耐寒。將多隻個體養在一起通常不會有什麼問題。

地毯變色龍
Furcifer lateralis

人們視其為主流，右邊為雄性個體，是足以代表馬達加斯加的優美品種。日本進口量很大，相當強壯，棲息環境五花八門。為其打造生態缸時，應以植物與樹枝組成「道路」，並保有良好的通風。此外，地毯變色龍也很耐高溫。

海帆變色龍
Trioceros cristatus

雄性個體為紅褐色，雌性個體為綠色。短短的尾巴有如葉柄，整個身體看起來就像一片大葉子。海帆變色龍的動作極少，表情難以解讀，比較適合專家飼養。牠們的皮膚不僅對光很敏感，連自己的四肢觸碰皮膚也會留下痕跡。

普氏變色龍
Trioceros pfefferi

膽大好動，具有高度的協調性，適合在一個生態缸中飼養多隻，算是好養的類型。普氏變色龍在日本的進貨量很少，曾被視為「夢幻品種」，目前愛好者都寄望於日本國內繁殖個體的增加。

傑克森變色龍
Trioceros jacksonii

擁有3支角的變色龍,有3個亞種,照片中是最小型的merumontanus亞種。各亞種的雌性個體角數不盡相同。傑克森變色龍屬於胎生動物,會直接產出幼體,但是卻很難培育長大。飼養訣竅之一,就是要分多次餵食小型昆蟲餌料。

塔威塔納變色龍
Kinyongia tavetana

全長約20cm的小型變色龍,雄性個體長有1支粗糙的角。牠們的動作很快,個性很膽小,不算好照顧。此外,牠們不耐高溫,建議種植大量植物當作遮蔽物。

斑點變色龍
Kinyongia tenuis

在變色龍中屬於身體細長的一種,雄性個體擁有小小的四邊形角,雌性個體的角則為藍色且狀如玉米,相當獨特。必須頻繁地餵食比牠們身體小的餌料。

噴點變色龍
Chamaeleo dilepis

特徵是宛如大耳朵般的皮膜,威嚇時會展開單邊的皮膜。緊張時身上會出現黑斑,心情好時則全身呈現淺綠色等,經常變換身體的顏色。特別喜歡明亮的場所。

小鬍子侏儒枯葉變色龍
Rieppeleon brevicaudatus

棲息在坦尚尼亞的半地棲型變色龍,外觀如同長眼睛的落葉,擬態能力非常優秀。牠們會在地面附近活動,準備生態缸時,除了鋪設枯枝與枯葉外,也建議用植物或橡樹板等打造昏暗的場所。

捲曲枯葉變色龍
Brookesia decaryi

棲息在馬達加斯加樹林地面的枯葉變色龍,會擬態成樹枝而非落葉。牠們通常待在陰暗的地面,所以為其打造生態缸時,建議配置伏在地面的藤蔓植物或落葉等昏暗場所。

樹棲型蜥蜴的環境設定

樹棲型蜥蜴主要的活動範圍是森林裡的樹上,所以生態缸需要具備一定的高度與溼度,從某個角度來看,就像是直接將箭毒蛙的生態缸從橫向轉換成縱向即可,但是這麼做卻未必能養得好,因為牠們的排泄量幾乎都比小型蛙多上許多,超出土壤細菌的分解量。此外,牠們尖銳的爪子會刺進樹枝或樹幹裡,以支撐自己的身體,很容易傷及箱中的植物。想為牠們打造綠意豐沛的生態缸時,應依個體尺寸選擇寬敞的箱子,並種植強壯的植物,空間許可時甚至可以連花盆一起擺入。此外,每次看到糞便都應立即清除。在布置生態缸時必須綜觀整體情況,重視這個小小生態系的平衡。

變色龍冠蜥
Gonocephalus chamaeleontinus

冠蜥屬中頗具代表性的一種,配色種類相當豐富。偏好昏暗的場所,建議調弱燈光或是種滿強壯的植物。此外,也要設置縱向的粗樹枝,讓牠們能夠佇立在上方休息。飲用水應以滴流式為主,讓水一滴滴地淌落。

多利亞森林龍
Gonocephalus doriae

大型冠蜥,雄性個體為帶紅的褐色,雌性個體則為黃綠色。在箱中設有豎立的粗樹枝時,牠們通常會靜靜地待在上方。多利亞森林龍不太耐高溫,所以連高處溫度也必須控制在28℃左右。

山角蜥
Acanthosaura capra

全長30cm的小型種,很適合養在生態缸中。後腦至後頸間有成列的梳齒狀突起物。環境打造方面可參照冠蜥的需求,除了藉噴霧等方式提高溼度之外,也應選擇通風良好的箱子。

長棘蜥
Acanthosaura armata

眼睛上方長有尖刺般突起物的優美蜥蜴,在箱中縱向設置偏粗的樹枝或沉木能夠幫助個體穩定下來。與其他品種一樣都喜歡昏暗的環境,建議以光線微弱的爬蟲類專用日光燈同時照射大範圍的植物。日本的長棘蜥進口量沒有其他主流寵物蜥蜴那麼多。

麗棘蜥
Acanthosaura lepidogaster

全長不到30cm的小型棘蜥,非常適合養在生態缸中。戴面具般的臉部相當獨特,配色依個體而異,色彩相當多元。棘蜥比較偏向半樹棲,最好還是保有一定的地板面積。

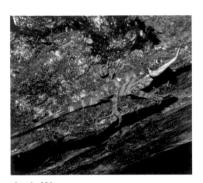

角吻蜥
Ceratophora stoddartii

簡直就是為了養在生態缸而存在的小型樹棲種,備受愛好者歡迎。牠們不太會破壞植物,且停佇在綠色枝葉中的模樣相當帥氣。可惜角吻蜥棲息在斯里蘭卡的森林,所以市面上的流通量極少。

變色樹蜥
Calotes versicolor

如同其名,是個變色高手,花紋會在觀察中突然出現或消失,全身色調也可能出現變化。牠們的棲息範圍廣泛,從中亞、印度、東南亞到中國南部都可以看見牠們的蹤跡,因此環境設定會依產地出現些微差異。

黑唇樹蜥
Calotes nigrilabris

變色能力同樣相當優秀,雄性個體有時會變得全身黑漆漆的,有時則是全身綠得很均勻。牠們壯碩的體型相當有魅力,可惜是斯里蘭卡的固有種,而斯里蘭卡原則上禁止野生動物出口,所以很難取得。

琴首蜥
Lyriocephalus scutatus

斯里蘭卡固有的半樹棲型飛蜥,是全世界愛好者的夢想。牠們棲息在高海拔的雨林,會以鼻尖的腫塊挖掘地面、獵食蚯蚓等。琴首蜥同樣擁有高超的變色能力,有時下腹部會出現鮮豔的藍色。目前日本國內僅有少許繁殖成功的案例。

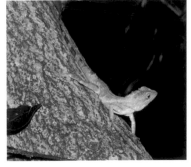

琉球攀蜥
Japalura polygonata

唯一一種分布在日本的飛蜥,很常被飼養在生態缸中。雄性個體的地盤觀念很強,必須控制飼養數量,最好單獨飼養或是僅飼養一隻雄性個體。此外,也建議配置較粗的樹枝,讓琉球攀蜥得以藏身於後方。

細鱗擬樹蜥
Pseudocalotes microlepis

雖然名字裡有樹蜥二字,實際上卻不是樹蜥屬。細鱗擬樹蜥是小型種,但是在種滿植物的生態缸中相當搶眼。拉開喉部的皺褶時,可以看見有黃色與大紅色藏在其中,令人訝異。細鱗擬樹蜥很強壯,但是日本市場上卻很難找到。

藍尾樹蜥
Holaspis guentheri

最美的蜥蜴之一，是全長約10cm的小型種。小小的身體由鮮豔的藍尾巴與黃黑的直線組成，充滿視覺衝擊力的配色很受歡迎。藍尾樹蜥棲息在非洲大陸的樹林裡，動作非常迅速，要小心脫逃的問題。

傑克森草蜥
Adolfus jacksonii

動作敏捷、充滿活力，經常爬上爬下的草蜥，平均全長25cm，屬於中型。牠們主要棲息在非洲森林，但是也能夠在道路等不同場所發現其蹤跡。傑克森草蜥很好養，能夠適應的溫度範圍也很廣。

錐頭蜥
Laemanctus serratus

尾巴相當長的蜥蜴，為了順應樹上的生活而發展出纖細的體型。錐頭蜥的頭頂平坦，後腦杓一帶則凹凸不平。牠們喜歡配置大量植物的環境，飼養時要特別注意通風。

頭盔海帆蜥
Corytophanes hernandesii

美洲鬣蜥科，與冠蜥一樣會停佇在樹幹上，環境設定同樣可參照冠蜥的需求。養在生態缸時總是維持靜止的模樣，但是仍建議準備寬敞的箱子，才能打造符合需求的環境，將個體養得更漂亮。

尖吻四鱗爪蜥
Polychrus acutirostris

體型細長的樹棲型美洲鬣蜥，如同「變色龍美洲鬣蜥」這個別名般，牠們會以尾巴捲住樹枝，左右眼也可以分開轉動。同屬的還有鱷鰻安樂蜥與鬣安樂蜥，在市面上也都能夠見到。

偽變色龍
Chamaeleolis barbatus

個性沉穩，動作緩慢，是能夠上手的蜥蜴。由於牠們與變色龍一樣，具有眼睛能夠左右分開轉動等特徵，所以被稱為偽變色龍。目前市面上的流通量尚少，但是牠們很適合養在生態缸，強壯且符合寵物的特性。

綠樹鱷蜥
Abronia graminea

棲息在墨西哥的雲霧森林裡，是擁有強烈藍色外觀的樹棲型蜥蜴。長長的尾巴能夠捲住樹枝，養在生態缸時可觀察到牠們靈活的移動方式。綠樹鱷蜥需要通風良好的環境，應配置寬敞的乾燥場所，避免環境過於潮溼。

棕色側褶蜥
Gerrhonotus liocephalus

大型的側褶蜥屬動物，為適應樹上生活而進化出細長的身體、短四肢與長尾巴。動作沉穩，較能夠適應飼養生活，甚至可以捲在人的手指上垂吊著。生態缸中可配置石塊與多肉植物等。

翡翠巨蜥
Varanus prasinus

照片中是帶有濃烈藍色調的個體，飼養這種很有力氣的大型種時，生態缸會慘遭破壞。不過，配置粗壯樹枝與大型植物的話，就有助於應付這種問題。

角葉尾守宮

Uroplatus phantasticus

在平尾虎屬中算是小型，適用為箭毒蛙準備的生態缸，並應配置數處讓牠們能夠停佇的樹枝。角葉尾守宮的擬態能力，綜觀整個爬蟲類都屬優秀，有些個體的尾巴形狀還能夠幫助牠們獵食昆蟲。

棘肢平尾虎

Uroplatus ebenaui

長相神似角葉尾守宮，但是細細的尾巴有如樹枝，不像葉片。飼養棘肢平尾虎等擬態能力佳的動物時，不妨在箱中配置牠們擬態的對象。以棘肢平尾虎來說，就很適合落葉與樹枝。

南部平尾虎

Uroplatus sikorae

棲息在馬達加斯加的平尾虎屬之一，在此屬裡算是中型。宛如地衣類植物與苔類的體色，擬態程度好到幾乎要融入整個生態缸。建議配置從粗壯樹幹下垂的樹枝，並確保箱中的通風性。

木紋葉尾守宮

Uroplatus lineatus

住在乾燥的竹林等處，外表就像竹葉，在平尾虎屬中算是相當好養的一種。為平尾虎布置生態缸時，可以從牠們的外觀推敲出棲息地的樣貌，進而運用在布置上。夜間以手電筒照亮生態缸，就能夠觀察到木紋葉尾守宮活動的模樣，相當有趣。

斑鱗虎

Geckolepis maculata

體表覆蓋著大鱗片，在光線照耀下會閃爍著虹色，是一種非常美麗的守宮。但是以手觸碰等行為會刺激到牠們，容易造成鱗片脫落，所以要謹慎地對待。牠們分布在馬達加斯加，在日本偶爾可以見到。

膝虎

Gonatodes albogularis

在守宮中很罕見，會在白天活動的一種，近年來日本開始進口從海外繁殖的個體。是能在箱中同時飼養多隻的優美小型種，可為生態缸增色，但是牠們的動作很迅速，必須慎防逃跑。

鋸尾飛守宮

Ptychozoon lionotum

受到驚嚇時會滑翔的守宮，側腹、四肢與尾巴都有發達的皮膜可用來滑翔。飼養時應避免環境過度乾燥，須維持良好的通風。平常可藉噴霧加強溼度，並種植大量的植物。

鱷鱗守宮

Eurydactylodes agricolae

棲息在新喀里多尼亞森林的小型守宮，嘴巴看起來就像裂開一樣。牠們的動作緩慢，因此又稱為變色龍守宮。適合牠們的生態缸除了要有豐沛的綠意外，溼度也要偏高。

日本守宮
Gekko japonicus

貼近日本人生活的爬蟲類，在日本都心地段也經常可見。牠們常入侵人類住宅，將住宅視為棲息環境，放任日本守宮在家中跑來跑去時，整個家儼然就像一個生態缸。要打造日本守宮的生態缸，就參考看見牠們的場景吧！

金守宮
Gekko badenii

體色是有如香蕉的亮黃色，相當優美，主要棲息在牆壁上。在生態缸中布置豎立的平坦沉木或橡樹板等，就會看見牠們攀附在上方。葉子或莖較軟的植物不耐金守宮破壞，建議選擇更強壯一點的植物。

脊斑守宮
Gekko monarchus

樣是棲息在牆面的守宮，但是比金守宮更小隻。廣泛分布於東南亞，在東南亞的地位如同日本守宮或疣尾蜥虎之於日本。為牠們布置居住環境時，不必拘泥於自然物，盡情布置各種人造物會更符合牠們的棲息環境。

睫角守宮
Rhacodactylus ciliatus

市面上有日本國內外（以歐美為主）繁殖的幼體流通。睫角守宮很好飼養，動作也緩慢，上手時還能感受到獨特的彈性觸感。用爬蟲類專用日光燈照射會養得比較好，是守宮中的特例。

蓋勾亞守宮
Rhacodactylus auriculatus

新喀里多尼亞原產的樹棲種，全長15㎝，屬於中型，日本國內外都有類型豐富的繁殖個體流通。雖然一般都養在很簡單的飼養箱中，但是原本棲息在森林裡的牠們，也非常適合生態缸。

巨人守宮
Rhacodactylus leachianus

體型巨大、相當具有分量的守宮，是守宮裡最大的一種，目前已知許多地區性的群體。為其布置生態缸時，可以配置中空的粗樹幹，亦可運用筒狀的橡樹皮等素材。

北部絲絨守宮
Oedura castelnaui

雖然實際情況依個體而異，但是以守宮來說，北部絲絨守宮的動作特別緩慢，且通常長至成體後可上手。試著讓牠們爬上自己的手，會感受到舒適的絲滑柔軟觸感。北部絲絨守宮可以改變身體的色彩明暗，同時也是最具寵物特質的樹棲種之一。

北部刺尾守宮
Strophurus ciliaris

原產於澳洲，黃色斑紋的模樣與面積會依個體而異，全長最長可達15㎝。優美的外觀吸引了眾多愛好者。為牠們布置居住環境時，建議仿效乾燥的樹林。

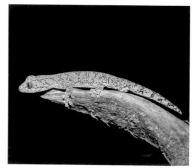

南部刺尾守宮
Strophurus intermedius

單色調的冷冽配色，散發出優雅的形象，虹膜的鮮明紅色則令人印象深刻。為牠們布置居住環境時，同樣應仿效乾燥樹林，並設置枝葉等供牠們活動的場所。

線紋殘趾虎
Phelsuma lineata

身體配色多半很華麗的殘趾虎，很適合養在綠意豐沛的生態缸。牠們是日行性動物，觀察時樂趣無窮。線紋殘趾虎幾乎不在地面上活動，飼養時要特別注意動作迅速與玻璃容易遭糞便汙染的問題。

克氏殘趾虎
Phelsuma klemmeri

將殘趾虎與箭毒蛙養在同一個生態缸，在歐洲是常見的事，而克氏殘趾虎即擁有不亞於箭毒蛙的優美外貌。世界上有許多生物就像這樣，儘管棲息於截然不同的區域，適合飼養的環境卻極其相似。

藍尾日行守宮
Phelsuma cepediana

殘趾虎屬中最美的一種，人氣極高，非常適合養在生態缸中，但是動作非常敏捷。有人表示「藍尾日行守宮逃跑時的體色最美」，因此建議安排能讓牠們自由活動的大箱子，才能夠觀察到牠們最美的體色。

普隆克殘趾虎
Phelsuma pronki

殘趾虎屬都分布在馬達加斯加島或鄰近島嶼，幾乎都擁有鮮豔的綠色。但是普隆克殘趾虎的配色卻獨具特色，擁有黃色頭部與灰色、褐色直線的身體。飼養環境則與其他殘趾虎相同。

馬達加斯加殘趾虎
Phelsuma madagascariensis

為本種，有 hyper red 與 flame 等品種在市面上流通。特徵是綠身紅斑紋，而照片所示為紅斑範圍特別大的個體。馬達加斯加殘趾虎是守宮中罕見的日行性品種，養在以植物為主的生態缸中會非常亮眼。

斯氏殘趾虎
Phelsuma standingi

與馬達加斯加殘趾虎並稱為殘趾虎屬中，最龐大的兩個品種。相較於以鮮豔原色組成的其他品種，斯氏殘趾虎的漸層淺藍色顯得格外高雅。斯氏殘趾虎很重，容易破壞植物，所以建議種植常春藤等強韌的藤蔓植物。

梅藤斯殘趾虎
Phelsuma robertmertensi

在殘趾虎中屬於偏小型的優美品種，最長約10cm。以綠色為主的生態缸，能夠將螢光藍的背部與尾巴襯托得更加出色。飼養方法與其他殘趾虎相同，但是市面上僅有少許個體流通，主要分布在科摩羅群島。

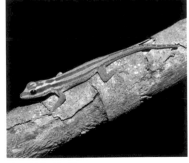

金氏柳趾虎
Lygodactylus kimhowelli

柳趾虎屬也會在日間行動，且全部都是小型種。本種的特徵是帶藍灰色的身體搭配黑直線，頭部則為黃色調。牠們棲息在乾燥的樹林裡，所以養在以植物為主體的生態缸時，要注意保有開闊的空間。

黃頭柳趾虎
Lygodactylus luteopicturatus

美麗的小型種，黃色上半身與藍色下半身之間的界線明顯。養在生態缸時要特別留意逃脫的問題，牠們的體型小，可能會從線孔、滑門式上蓋等處逃走，切記要填起箱子上的各個間隙。飼養黃頭柳趾虎有機會在不經意間發現牠們產卵，帶來十足的驚喜。

生態缸的居民
●
溫帶 & 地棲型蜥蜴

接下來要介紹的蜥蜴，棲息環境的類型同樣五花八門，有沙漠、半沙漠、岩石地區、草原與熱帶雨林地面等，且不同品種間的外貌差異極大。飼養時必須依棲息地選擇適當的布置，例如：棲息在岩石地區的話就要組構岩石環境，棲息在沙地的話就要鋪設細沙等。飼養這類蜥蜴時，生態缸中應保有寬敞的地板面積，但是棲息在亞熱帶的翡翠草蜥等也經常在樹上活動，所以除了寬敞的地板面積外，生態缸也必須具備一定的高度。此外，就算是棲息在沙漠的物種，也需要設置水容器。

日本石龍子
Plestiodon finitimus
貼近日本人生活的蜥蜴，深藍色的尾巴相當優美。雄性個體在繁殖期，以頭部為中心會慢慢變紅，是種很有魅力的石龍子。日本林緣或石牆等處都有機會遇見，飼養時要注意隨時補足水分。

翡翠草蜥
Takydromus smaragdinus
擁有細長的身體與極長的尾巴，是有利於在草地或草叢等環境行動的體型。翡翠草蜥主要棲息在沖繩等地，相較於側面為褐色的雄性個體，雌性個體的體色鮮艷許多。

南草蜥
Takydromus sexlineatus
與翡翠草蜥同屬，同樣擁有細長的身體與極長的尾巴。在箱中布置擁有細枝、密集窄葉的植物時，就能夠看見牠們靈巧穿梭於枝葉間的模樣。這種蜥蜴喜歡明亮的環境。

豹貓守宮
Paroedura pictus
與豹紋守宮同屬的守宮飼養入門品種，能夠養到繁殖的程度。主
要棲息在馬達加斯加較乾燥的樹林地面，可接受的飼養環境範圍
很大，相當好養。市面上有許多不同花紋與體色的個體流通。

綠翡翠蜥蜴
Lacerta schreiberi
棲息在歐洲伊比利半島的中型草蜥，體色非常漂亮。棲息環境微
溼，因此生態缸中應配置具溼度差異的場所。目前市面上流通的
個體以國內外繁殖的個體為主。

日本草蜥
Takydromus tachydromoides

日本很常見的蜥蜴，出現頻率不輸日本守宮。遇見日本草蜥的環境五花八門，在自家庭院等也很常見到。樹上活動的程度沒有翡翠草蜥那麼頻繁，但是飼養的生態缸裡若能布置立體活動空間會更好。

環頸蜥
Crotaphytus collaris collaris

地棲型蜥蜴，主要分布在美國至墨西哥之間的乾燥岩石地區等。飼養時要以爬蟲類專用日光燈與聚光燈照射，並藉沉木與岩石等打造出可兼顧立體活動的遮蔽處。

紋面彈簧蜥
Leiocephalus personatus

彈簧蜥因為行動時尾巴會捲起來，才被稱為彈簧蜥。這種彈簧蜥的臉部又多了黑紋，因此被叫做紋面彈簧蜥。

沙漠角蜥
Phrynosoma platyrhinos

臉部長得就像迷你恐龍，小巧又可愛。棲息在北美大陸的乾燥地區，飼養時也會潛入沙子裡，所以布置上可使用細沙與岩石等素材。要準備極小的昆蟲餵食，且餵食量要偏多，並設置淺淺的水容器。

湯瑪士王者蜥
Uromastyx thomasi

又稱阿曼王者蜥，擁有松果般又短又圓的尾巴。當牠們逃回巢穴，會以尾巴蓋住洞口。將其養在生態缸時，應布置岩石或骨架狀的乾燥仙人掌（Cactus skeleton）等。

鬆獅蜥
Pogona vitticeps

在日本國內外都很受歡迎的寵物蜥蜴，品種非常多。許多個體的性格沉靜，能夠上手。雜食性的鬆獅蜥除了食用蔬菜與野草之外，市面上還售有專用飼料。目前也出現少了刺狀鱗的品種。

侏儒鬆獅蜥
Pogona henrylawsoni

比鬆獅蜥小了一圈，體型也比較粗短，下顎的刺狀突起沒那麼發達，但是養起來的感覺與鬆獅蜥差不多。適合仿效乾燥草原、樹林或沙漠的生態缸。

澳南隱鼓蜥
Tympanocryptis tetraporophora

澳洲的小型隱鼓蜥，外觀特徵是看不見耳孔，主要棲息在乾燥的草原。全長只有約6cm，適合養在小型的沙漠型生態缸，可以和多肉植物等耐乾燥的植物養在一起觀賞。

刺尾岩蜥
Egernia depressa

日本市面上多半依學名稱為Depressa岩蜥，在Egernia屬中也算比較小型的一種，主要棲息在沙漠等岩石地區。為牠們布置生態缸時，建議先把岩石組裝好再倒入沙子，使岩石更為穩定，降低發生意外的風險。

肥尾守宮
Hemitheconyx caudicinctus

市面上不但有豐富的品種流通，還可發現捕獲的野生個體，但是人工繁殖出的幼體比較好養。肥尾守宮的外觀神似豹紋守宮，但是比較難養，個性也較為神經質，設置溼頂陶瓷遮蔽屋（wet shelter）的話，可有效改善情況。

細皮瘤尾守宮
Nephrurus levis

擁有又大又黑的圓眼睛，以及小巧的身體，尾巴尖端也有球狀突起。威嚇敵人時會抬起身體、豎起尾巴，整體模樣相當可愛。會在乾燥的沙地挖洞棲息，飼養時也常常躲在遮蔽物底下。

盔澳虎
Diplodactylus galeatus

棲息在澳洲的乾燥樹林等處，白天會躲在岩石之間，入夜後才外出獵食。外觀是淺色調的身體搭配斑紋，看起來相當高雅。可養在小型生態缸中，很適合紅色的細沙。

澳裸趾虎
Underwoodisaurus milii

在日本市場，多半會依學名，直接稱其為Underwoody等。來自澳洲，主要棲息於地面。外觀神似馬達加斯加的珍稀種——黑框守宮，但是澳裸趾虎的色彩較淡，身體較扁平，飼養上也沒那麼難。

棋斑澳虎
Diplodactylus tessellatus

花紋相當豐富，有些正如其名擁有棋盤般的花紋，有些則沒有花紋，或花紋為點狀等，色調也依個體而異。棋斑澳虎生活在地面上，白天都躲在岩石陰影處等休息，飼養時應準備寬敞的地板面積。

海南瞼虎
Goniurosaurus hainanensis

通常擁有深紅色的虹膜，照片中是罕見的黑眼個體「Black eye」。牠們棲息在東亞樹林地面，所以生態缸中建議設置溼頂陶瓷遮蔽屋（wet shelter）。耐乾燥，飼養與繁殖都算容易。

中國豹紋守宮
Goniurosaurus luii

很多品種的名稱裡都含有「豹紋守宮」4個字，讓人以為牠們與豹紋守宮一樣適合養在乾燥環境中。但是中國豹紋守宮棲息在潮溼森林，地面應鋪設土壤而非沙子，也偏好昏暗環境。

越南豹紋守宮
Goniurosaurus araneus

棲息在森林裡，是洞穴擬蜥屬中最龐大的族群。通常會躲起來，建議多準備幾個遮蔽處。此外，也適合高溼度的生態缸，不適合乾燥環境。

豹紋守宮
Eublepharis macularius

生活在荒地等乾燥地區的地棲型守宮，市面上流通的幾乎都是繁殖個體，目前已有豐富的品種，不管是飼養還是繁殖都很適合新手。

高黃
High Yellow

經常指豹紋守宮的普通（normal）個體。目前有多到數不完的豹紋守宮品種，高黃就是最早的品種之一。黃色的鮮明程度會依個體而異，不過豹紋守宮的一大特徵是親代的樣貌、體質容易傳承給後代。

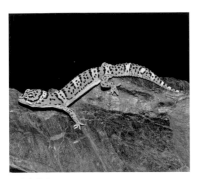

阿富汗
Afghan

野生型的一種，有時會以 afghanicus 稱呼。長大後身上的帶紋會變淡，全身就剩下黃底與黑斑，是非常符合豹紋守宮這個名稱的品種。阿富汗的體型有比其他野生型小的傾向，很適合砂礫型的生態缸。

雪花
Mack Snow

黃色部分很少，配色以黑白為主。遺傳方式是很獨特的「共顯性遺傳」，舉例來說，讓普通個體與雪花交配後，生出來的後代有一半是雪花，讓兩隻雪花交配後生出的後代則有1/4的機率會是超級雪花。

超級雪花
Super Mack Snow

近幾年來最讓人興奮和期待的新品種，有時會以縮寫 SMS 來表示。讓兩隻超級雪花交配時，生出來的後代一定是超級雪花。擁有漆黑的眼睛、白色皮膚與黑色斑點，模樣相當可愛，是很受歡迎的品種。

全日蝕
Total Eclipse

由兩隻雪花日蝕交配生出的特別品種，換句話說，就是超級雪花日蝕。特色是全白的鼻尖與四肢，這部分即是遺傳自日蝕。

賽克斯翡翠
Sykes Emerine

Emerine 這個字，是源自於 emerald 與 tangerine。由於這個品種擁有鮮黃體色與淡綠色線條，因此稱為翡翠（emerald），前面冠上的，則是美國知名育種家賽克斯之名。

橘化
Tangerin

體色為深橘色的品種，黑斑較少時會稱為少斑橘化，或是超級少斑橘化。橘化的色調深淺與黑的程度會依個體、血統而異，目前已有血系、日炙等品種。

土匪
Bandit

從粗直線品種中篩選黑線較粗的個體所繁殖出來的種類，特徵是鼻尖有鬍鬚般的黑紋。由於是選別交配打造出來的品種，所以其後代未必能順利繼承這種特質。土匪目前在日本非常受歡迎。

梅菲無紋
Murphy Patternless

以前被叫做輕白化，後來因為表現出的特徵已經與最初不同，所以就改稱為梅菲無紋。梅菲無紋是沒有花紋與黑點的品種，色調則變化多端，有淡黃色、奶油色與灰色等。

謎
Enigma

外觀表現豐富的品種，大部分都是尾巴或頭部出現細小黑斑，很深的虹膜顏色使表情顯得獨特。市面上有許多名為「○○謎」的品種，是由謎與其他品種配出來的，每一種都極富特色。

白黃
White & Yellow

和謎一樣，是會出現豐富外觀表現的品種，育種家常常讓白黃與不同品種的個體交配。白黃的虹膜顏色沒有謎那麼深，最早誕生的個體出現在歐洲，不是大本營美國。

暴龍
RAPTOR

RAPTOR其實是Red-eye Albino Patternless Tremper Orange的縮寫，紅眼睛與黃身體令人印象深刻。無紋的程度依個體而異，有些個體還是會出現花紋。

暴風雪
Blizzard

和梅菲無紋一樣都是無花紋的品種，但是暴風雪更白，且連幼體也沒有花紋。牠們的眼皮透明，會呈現藍黑色。暴風雪在幼體時顏色很白，長大後的狀況則依個體而異，有些會出現淡淡的黃色或粉紅色。

白惡魔
Diablo Blanco

白身體與紅眼睛都散發出強烈的存在感。雖然有些個體帶有淺淺的粉紅色或黃色，但是整體來說仍白得相當出色。這是暴龍與暴風雪交配所生出的品種。

伊朗豹紋守宮
Eublepharis angramainyu

全長達30㎝的大型擬蜥，外觀神似野生型豹紋守宮，但是四肢更長。市面上有許多各地區自行繁殖出的個體，經由歐洲等出口到日本。飼養方式與豹紋守宮幾乎相同。

東印度豹紋守宮
Eublepharis hardwickii

是比較小型的擬蜥，分布在印度，與豹紋守宮同屬，但是主要棲息在樹林等處，適合有些潮溼的環境。布置飼養空間時應仿效樹林或森林，要在箱中分別設置乾燥處與潮溼處，同時也要準備遮蔽物。

達爾馬提亞壁蜥
Podarcis melisellensis

最近市面上有愈來愈多種壁蜥流通。達爾馬提亞壁蜥與日本常見的蜥蜴有極大的差異，日本的蜥蜴通常是細長體型、褐色，達爾馬提亞壁蜥除了更壯碩龐大之外，很多個體都擁有迷彩花紋，或是令人眼睛一亮的藍色。

卡美利亞依比茲壁蜥
Podarcis pityusensis kameriana

日本也很常以卡美利亞那依比茲壁蜥稱呼牠。是一種非常美麗的壁蜥，成體全身都會出現深藍色，全長達20㎝左右。市面上慢慢可以見到日本繁殖的個體。

黑腹壁蜥
Podarcis muralis nigriventris

普通壁蜥的亞種之一，黑色身體在長大後會出現螢光綠的蟲蛀紋。壁蜥棲息的環境相當豐富，在岩石地區、森林、乾燥樹林，甚至是民宅附近都有機會看見。

福門特拉依比茲壁蜥
Podarcis pityusensis formenterae

外型與卡美利亞依比茲壁蜥相似，全身都呈淺藍色，但分別是不同的亞種。底材建議選擇細沙，植物則應選擇多肉植物等耐乾燥的類型，此外也必須放入水容器。

義大利壁蜥
Podarcis siculus

在產地的出沒環境與日本蜥蜴很類似，都是田地或草叢等。將壁蜥養在生態缸時，環境不能以植物為主，應仿效乾燥樹林或岩石地區等。不管打造出什麼樣的環境，都要設置遮蔽物。

博克奇壁蜥
Podarcis bocagei

在歐洲的原產地和日本一樣都是溫帶地區，因此對日本愛好者來說相當好養，體質也堪稱強壯。博克奇壁蜥擁有金屬綠色的蟲蛀狀花紋，非常值得欣賞。因為很好養，也有人會養來繁殖。

馬德拉壁蜥
Teira dugesii

分布在葡萄牙的馬德拉島，黑褐色的身體搭配細緻斑紋，相當優美。適合乾燥、通風的飼養環境，最好還要設置開闊的日光浴場所，並以聚光燈照射在岩石上等位置。

利氏壁蜥
Podarcis lilfordi

利氏壁蜥全身黑漆漆的，不是常見的藍色，但是仔細觀察還是會發現散布的藍斑，美得令人陶醉。與其他壁蜥一樣，都擁有強壯好養這個優點。

加拉尼岩蜥
Iberolacerta galani

分布在西班牙的蜥蜴，全身布滿茶褐色與褐色的斑紋，與其他蜥蜴一樣適合乾燥環境。加拉尼岩蜥不太會破壞生態缸的內容物。這些來自歐洲的蜥蜴都相當美麗，具有高度蒐集價值。

綠叢林蜥
Ameiva ameiva

屬於美洲蜥蜴科。美洲蜥蜴分布在中南美洲，屬於中型、偏大型的群體，在叢林裡的行動相當敏捷，尖尖的臉型是其一大特徵，牠們的棲息環境包括森林、樹林、草叢與聚落附近等，經常潛入底材裡。

彩虹鞭尾蜥
Cnemidophorus lemniscatus

體型介於小型至中型，主要棲息在草原地區。由於彩虹鞭尾蜥原生於中南美，所以飼養時要特別注意冬季保暖。牠們適合微溼的生態缸環境，植物則建議連盆一起擺入，避免牠們在植物周邊挖洞。

犰狳蜥
Cordylus cataphractus

環尾蜥科動物全身都覆蓋著堅硬的鱗片，犰狳蜥即是當中比較小型的品種。建議飼養在乾燥的生態缸中，並以岩石搭建出遮蔽物兼熱點。很重視地板面積，所以要選擇較寬的箱子。

和雲士環尾蜥
Smaug warreni

和雲士環尾蜥有數種亞種，照片中的是莫三比克環尾蜥（Smaug mossambicus）。牠們的體型平坦，能夠輕易潛入岩石間隙等，飼養這類蜥蜴時，建議對岩石的選擇與排列方式多下工夫。

黑環蜥
Cordylus niger

全身黑漆漆的環尾蜥，全長最長才15cm左右，屬於偏小型的品種。布置環尾蜥生態缸時，建議仿效有稀疏野草的岩石地區，並且以乾燥沉木與岩石多布置幾處遮蔽物。

藍斑環尾蜥
Ninurta coeruleopunctatus

優美的小型種，是環尾蜥科中難得出現藍斑的其中一種。養在色彩單一的乾燥型生態缸（以沙子、岩石等為主）時，能夠散發出強烈的存在感。建議先組建好岩石後再倒入沙子，會比較穩固。

扁身環尾蜥
Platysaurus broadleyi

金屬藍的上半身與橙色的四肢，共同交織出華麗的視覺效果。建議在寬敞的箱子裡，放置數塊大岩石當作日光浴的場所。雖然強壯好養，但是要小心牠們的動作敏捷，很容易在保養內部或是餵餌時跑出來。

生態缸裡的居民
•
龜類／蛇類

在爬蟲類的飼養中，比較少看到將龜類或蛇類養在生態缸裡，因為陸龜會亂踩植物、挖洞、把植物連根挖起來，有時甚至會吃掉植物，所以幾乎都會安排簡單好管理的環境。適合養在生態缸的龜類為水棲的小型種與幼龜，若要種植水草應選擇強韌的類型。一般較少人飼養蛇類當寵物，不過想在生態缸中飼養的話，建議選擇樹棲型。

屋頂麝香龜
Sternotherus carinatus

屋頂麝香龜等麝香龜都屬於小型水棲種，在龜類中屬於較適合水草生態缸的類型，因此配置陸地部分時不用下太多工夫。屋頂麝香龜的背甲與臉型很有特色，飼養與繁殖也很容易，適合新手。

東部麝香龜
Sternotherus odoratus

市面上經常見到可愛的東部麝香龜幼龜，常養在熱帶魚缸般的熱帶雨林缸裡，但是最好還是為牠們布置能曬日光浴的陸地。在陸地植物的根部附近布置石塊、沉木等，就比較不怕遭到破壞。

巨頭麝香龜
Sternotherus minor

正如其名，為頭部特別巨大的水棲龜。臉型依個體而異，每隻都別具特色。適合同時具備陸地與水域的生態缸。在水中種植金魚藻等，就可以透過水草的狀態確認水質是否惡化。

阿薩姆棱背龜

Pangshura sylhetensis

最小型的棱背龜，是背甲特別高的品種，正面看起來為三角形。眼睛後方會有紅色Ｖ字紋，在屬內屬於較強壯的品種，尺寸也很適合生態缸，但是吃水草的傾向會隨著長大提升。

斑紋泥龜

Kinosternon acutum

泥龜中外貌特別華麗的一種，頭部有大量紅色或黃色細斑，是背甲最長只有12cm的小型種。飼養時建議選擇大水缸，同時設置陸地與水域。飼養水棲龜的生態缸，通常會在陸地處種植黃金葛與白鶴芋。

日本石龜
Mauremys japonica

布置許多水草與沉木的生態缸，不適合飼養容易破壞這些擺設的龜類，不過，若選擇幼龜或小型種就會輕鬆許多。仿效鄉里山林的環境飼養石龜也是不錯的選擇，但是要記得常保水質乾淨。

馬來食蝸龜
Malayemys macrocephala

生活在田園裡的食蝸龜，體型小但是厚實，可愛的獨特臉型很受歡迎。牠們是會趴在水底行動的水棲龜，所以應選擇效能較佳的過濾器，同時也要勤加換水。

果核泥龜
Kinosternon baurii

小型水棲龜，主要會如走路般在水底爬行，所以能夠享受在陸地部分種植植物的樂趣。是強壯且好養的水棲龜入門品種之一。

東部泥龜
Kinosternon subrubrum subrubrum

東部泥龜的亞種之一，全身形狀帶有圓潤感，是很可愛的小型水棲龜，相當好養。將其養在生態缸時，可以設置一些水邊環境，例如豎立較大的沉木等以代替浮島。

三趾箱龜
Terrapene carolina triunguis

日本每逢秋季就會出現許多由國內愛好者繁殖的幼體，個性親人，背甲花紋會隨著成長變化。一般都是養在戶外，不過幼龜與年輕個體很常被養在生態缸中。

餅乾龜
Malacochersus tornieri

模樣獨特的陸龜，棲息在乾燥的岩石地區，柔軟的背甲與腹甲讓牠們能夠輕易躲入岩石陰影處。飼養時建議用扁平的石塊等，在生態缸中組成不易崩塌的穩固遮蔽物。

東部赫曼陸龜
Testudo hermanni boettgeri

中型陸龜，繁殖案例多，市面上有日本國內外繁殖的幼龜流通。牠們棲息在乾燥樹林與草原等地，雖然幼龜時期適合養在寬敞的生態缸中，不過長大之後還是應該養在室外，日本很多愛好者都養在庭院等處。

楓葉龜
Chelus fimbriata

外貌獨具特色，會在水底以走路的方式爬行，呼吸管狀的鼻子是一大特徵。雖然最長可達45㎝，但是幼時仍可養在生態缸中。適合熱帶魚缸般的環境。

黃頭側頸龜
Podocnemis unifilis

特別大型的水棲龜，市面上流通的幾乎都是幼龜。頭部有鮮艷的黃斑，模樣相當可愛。由於牠們會吃掉水草，布置時應以岩石與沉木等為主，色彩會依產地而有所差異。

莫倫馬普蛇
Malpolon moilensis

分布在非洲大陸北部至阿拉伯半島間的乾燥沙地、草地，是獵捕蜥蜴或其他蛇類等爬蟲類的日行性動物，適合以沙子為主的生態缸，尖形頭部是其一大特徵。

皇冠裂鼻蛇
Lytorhynchus diadema

棲息在沙漠或砂礫等地區，最長才40㎝，屬於小型種。會弄破蛋後再食用，飼養時會餵食守宮等。可以養在小型的沙地生態缸中。

斑點沙蛇
Chilomeniscus stramineus

棲息在美國至墨西哥的小型蛇，黃黑交錯的帶紋是其一大特徵。由於棲息在沙漠地區，飼養時應鋪設讓牠們得以潛入的沙子，植物方面則建議耐旱的多肉植物。通常會在關燈後出來活動。

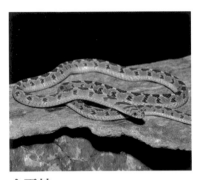

食蛋蛇
Dasypeltis scabra

以鳥蛋為食，所以稱為食蛋蛇。牠們沒有牙齒，咬人不會痛，因此儘管會做出威嚇的舉動也不必害怕。野生環境下只會在有野鳥蛋的時期獵食，且不吃蛋以外的食物。

歐若拉屋蛇
Lamprophis aurora

屋蛇在市面上多半以 house snake 的名字流通。歐若拉屋蛇擁有帶光澤的深綠體色與橙色線條，相當優美。會棲息在各式各樣的場所，人類聚落附近也有機會遇見，所以稱為屋蛇。不過主要棲息在草原裡。

莫卡爾銼蛇
Mehelya guirali

銼蛇與其他蛇類最大的差異，在於斷面為三角形，皮膚質感也很粗糙，鱗片均已稜脊化。行動沉穩，喜歡偏溼的場所，是相當珍奇的存在。

藍條紋絲帶蛇
Thamnophis sauritus nitae

最長約1m的小型蛇，比棲息在水邊的束帶蛇屬還要細。是以蛙類等兩棲類為食的日行性動物，雖然適合水邊型生態缸，但是應避免悶溼環境，必須保持良好的通風並設置可曬日光浴的乾燥場所。

橫紋鈍頭蛇
Pareas margaritophorus

日本八重山群島也棲息著琉球鈍頭蛇，有專吃蝸牛的奇特習性，不過橫紋鈍頭蛇吃的則是蛞蝓。牠們棲息在森林的林地等處，飼養時也必須餵食蛞蝓。夜行性動物。

寬帶紅竹蛇
Oreocryptophis porphyraceus laticincta

深紅色的外觀非常美麗，野生捕獲的個體非常難養，但是經飼養的繁殖個體卻相當好養。主要棲息在竹林等處，建議在箱中鋪設可潛入的偏厚底材，並應設置遮蔽物。

白腹綠蛇
Opheodrys aestivus

綠色的細長體型非常適合樹上生活，分布在北美大陸，以昆蟲等為食。適合的生態缸環境與大型樹棲蛙類相同，但是不管飼養哪一種蛇，都要嚴防逃跑。

攀斑金花蛇
Chrysopelea pelias

配色優美的樹棲種，分布在東南亞叢林裡。養在布置樹枝或植物的生態缸時，狀況會比較穩定，在以綠意為主的環境裡格外亮眼。除了要餵食守宮等餌料以外，其他飼養狀況都與樹棲型蛙類差不多。

長鼻樹蛇
Ahaetulla nasuta

體型有如細長的藤蔓植物，分布在印度至東南亞、中國。本屬中以綠瘦蛇較普遍，不管是綠瘦蛇還是長鼻樹蛇，都很適合養在以植物為主的環境。是以守宮與蜥蜴等為食的日行性動物。

亞馬遜樹蟒
Corallus hortulanus hortulanus

蚺科中的樹棲種，同樣擁有細長的體型。目前已有相當豐富的色彩種類，照片中這種漂亮的類型叫做 Super Red。生態缸中應配置能讓牠們穩穩纏繞的樹枝與沉木等，同時也建議配置植物。

翡翠蟒
Corallus caninus

樹棲種，由綠至黃的漸層體色與白紋所形成的外觀相當優美，分布於南美的熱帶雨林。建議設置能讓牠們穩穩纏繞的橫向粗枝，使牠們得以在上面休息。翡翠蟒的牙齒很長，所以要謹慎地與牠們相處。

綠樹蟒
Morelia viridis

在日本以 green python 之名流通，色彩與斑紋組合依產地而異，蒐集價值很高。外觀神似翡翠蟒，喜歡的環境也相同。綠樹蟒主要分布在新幾內亞與澳洲北部。

從自然界獲得飼養環境的設計 靈感

······日 本······

覆滿苔類的倒地樹木與蕨類植物，整體結構讓人想直接移植到生態缸中。

從岸邊林木間望向水池。生態缸也可以像這樣善用深度，打造出遠近感。

瀑布流經豐富的苔類之間，形成絕佳景觀，可惜生態缸很難還原如此美景。

沿著岩石流下的瀑布。常保溼潤的周邊環境，很適合地錢等植物生長。

絲線般的水流。周邊苔類植物含水量極高，光是用手按一按就會溼答答的。

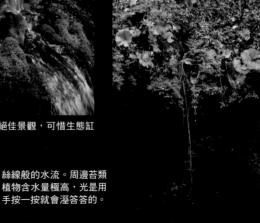

下有大岩石，上有苔類與水流，想要仿效如此美景，建議選擇板岩。

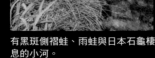

有黑斑側褶蛙、雨蛙與日本石龜棲息的小河。

靜佇在岸邊時能夠聽見大自然的豐富聲響，聞到舒適的純淨氣息。

山區小溪流裡，棲息著喜歡乾淨水質的山椒魚。對沒有鱗片的兩棲類來說，水是生存的必需品。生態缸的水域流通狀況沒有大自然好，所以必須特別用心供應乾淨的水。

漫步在沼澤的紅腹蠑螈。身為兩棲類的紅腹蠑螈不只出現在鄉里山區田園與渠道，在溪流附近也有機會看見牠們。苔類不僅可妝點景觀，對紅腹蠑螈來說還具有藏身與保持溼氣的功能。

小型蛇不太會破壞布置，很適合養在生態缸中。照片中為白環錦蛇。但是就算養在生態缸中，或許也如同處在野生環境般，很難

在櫻花盛開的初春，邂逅了湍蟾蜍。每次遇見爬蟲類與兩棲類時就拍下周遭環境等，即可成為打造生態缸的靈感。

龜類容易破壞箱中布置，所以不太適合養在生態缸中，但若是小型種或幼體的話就比較沒問題。龜類的排泄量比蛙類多，很容易弄髒水，所以要勤加管理。

不管是市區或山區，都能夠在有石頭的場所、石牆或石礫坡等遇見日本石龍子。將其養在岩石組成的生態缸時，能夠觀察牠們在岩石間靈活穿梭的模樣。

覆滿苔類的巨大倒地樹木，與佇立於中央的巨樹——這樣的結構同樣令人想直接搬入箱中。

在山中小湖遇見了喬木樹蛙，樹枝就是牠們的道路。請依飼養個體的體型，布置夠粗硬的樹枝。

出現在水庫的日本林蛙，牠們很擅長利用道路與建築物，因此飼養的生態缸不見得都要使用自然素材。

為生態缸增色的

植物

成功培育植物的一大關鍵，在於尺寸要符合生態缸。當然，打理好環境與其他巧思，也都有助於養好植物。總之，請先嘗試並觀察它們的生長狀態吧！由於植物不會一夜之間就枯萎，覺得狀況不佳時再嘗試其他方法即可。除了飼養日行性爬蟲類的生態缸之外，箱中的光量通常與森林地面一帶差不多微弱，建議選擇不需要強烈日照的植物。

好運用的植物
園藝店等處販售的迷你觀葉植物與水耕植物幾乎都很強韌，且不需要強烈日照，很適合種在生態缸。

黃金葛
天南星科／東南亞／強韌的藤蔓植物，能夠適應多樣的環境

黃金葛
天南星科／東南亞／葉片為純綠色，沒有其他紋路的類型

喜悅黃金葛
天南星科／東南亞／日本市面上常見的品種

蔓綠絨
天南星科／美洲熱帶地區／較強韌的藤蔓植物

心葉喜林芋
天南星科／美洲熱帶地區／適合高溫潮溼的環境

銀葉蔓綠絨
天南星科／美洲熱帶地區／有豐富品種在市面上流通

白鶴芋
天南星科／美洲熱帶地區／葉片較寬大，適合葦蛙科這類體型較大的蛙類

粗肋草
天南星科／印度、東南亞／耐弱光的植物

迷彩粗肋草
天南星科／印度、東南亞／目前已有相當豐富的種類

火鶴花
天南星科／哥倫比亞／不耐強光

春雪榕
天南星科／亞洲熱帶地區等／喜歡高溫潮溼的環境

春雪榕
天南星科／亞洲熱帶地區等／葉莖都是綠色的類型

春雪榕
天南星科／亞洲熱帶地區等／莖為紅色的類型

春雪榕的葉片。這是一種質感獨特、喜歡潮溼環境的植物。

椒草
胡椒科／熱帶～亞熱帶／葉片偏厚，適合明亮乾燥的場所

密葉椒草
胡椒科／熱帶～亞熱帶／最適合
環境明亮的陰影處

龍血樹「Gold」
龍舌蘭科／非洲／適合養變色龍
與蛙類等

純綠虎尾蘭
龍舌蘭科／非洲、南亞／冬季要
避免過溼

石筆虎尾蘭
龍舌蘭科／非洲、南亞／適合明
亮場所的多肉植物

馬賽克竹芋
竹芋科／南美洲／適合高溫潮溼
的環境，相當好運用

散尾葵
棕櫚科／熱帶、亞熱帶／盡量種
在明亮的場所

馬拉巴栗
錦葵科／墨西哥／強韌的植物，
能夠適應多種環境

細葉榕
桑科／亞洲、非洲／形狀特殊的
氣根不要埋在土裡

龜背竹
天南星科／美洲熱帶地區／屬於
藤蔓植物，能夠長在蛇木材上

網紋草
爵床科／哥倫比亞至祕魯／需要
偏溼的環境

常春藤
五加科／改良品種／很好運用的
藤蔓植物，又稱為洋常春藤

鈕扣藤
蓼科／紐西蘭／不耐乾燥與悶溼

彩葉芋
天南星科／新幾內亞與鄰近的潮
溼地帶／適合25℃以上的高溫
環境

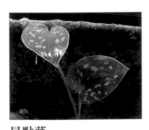

星點藤
天南星科／印尼／能夠長在牆面
上，營造出異國風情

褶皺拉辛
鳳梨科／哥倫比亞／生長在雲霧
林樹幹與樹枝上的植物

球根斷崖
苦苣苔科／巴西／伏在地面上的
球根型植物

愛心榕
桑科／原產於非洲熱帶地區／樹
木的一種，擁有圓潤的愛心狀葉
片

合果芋
天南星科／非洲熱帶地區／箭矢
狀的藤蔓植物

苦蓼槐
豆科／原產於紐西蘭／鋸齒狀樹
枝上長有許多小葉片

吊蘭類
鴨跖草科／被
認為原產於中
南美洲／吊蘭
屬植物

127

空氣鳳梨、五彩鳳梨等

幾乎都是附生植物，廣泛分布於美洲大陸。叢葉植物型的積水型鳳梨，會以葉片組成的空間存水，而此處對箭毒蛙來說是絕佳的住處與繁殖場所，種植時應於夜間供水，白天則要保持乾燥，比較適合通風良好的生態缸。

空氣鳳梨「紫羅蘭」

空氣鳳梨「小精靈」

空氣鳳梨「霸王鳳」

空氣鳳梨「棉花糖」

空氣鳳梨「紅三色」

空氣鳳梨「雞毛撢子」

空氣鳳梨「柳葉」

空氣鳳梨「粗糠」

空氣鳳梨「白毛毛」

空氣鳳梨「柯比」

也可以像這樣固定在生態缸裡的樹枝上。

空氣鳳梨設置範例。種植時非常重視環境通風。

五彩鳳梨
「積水型 × 火球」

五彩鳳梨「Red of Rio」

五彩鳳梨「火球」

五彩鳳梨「希姆拉塔」

五彩鳳梨「AJAX」

五彩鳳梨
「綠蘋果 × 火球」

五彩鳳梨的一種。

密火輪擎天鳳梨

絨葉鳳梨

桑德斯鶯哥鳳梨

喜瑞可樂鶯哥鳳梨

蕨類、苔類、山上野草等
想要讓苔類在生態缸中長
期生長，必須保有適度的
溼氣與通風性，以及充足
的光照量。特別推薦相當
好種的爪哇莫絲、絹蘚與
大灰苔。

威氏聖蕨

上賀茂鐵角蕨

腎蕨

一葉溼氣假鱗毛蕨

鱷魚蕨

尖葉鐵角蕨

單葉新月蕨

長葉鐵角蕨

對馬耳蕨

對開蕨

貫眾蕨

山蘇花

異羽複葉耳蕨

單葉對囊蕨

漸尖毛蕨

伏石蕨　　　　　　　　　瓦葦　　　　　　　　　線蕨

褐葉線蕨　　　　波氏星蕨　　　　常春藤鱗果星蕨　　　天草鳳尾蕨

戟葉耳蕨　　　　雙面蕨　　　　　二型鱗毛蕨　　　　萊氏鐵角蕨

威氏鐵角蕨　　　生芽鐵角蕨　　　華東膜蕨　　　　　單蓋鐵線蕨

萬年松　　　　　疏葉卷柏　　　　團扇蕨　　　　　　烏毛蕨

書帶蕨

虎耳草

脈羊耳蘭

生態缸的變化

生態缸內的條件會隨著植物成長變動，包括明亮度、通風性與溼度等。視需求修剪或增添植物等，都是布置生態缸的一大樂趣。

絹蘚

大灰苔

羽苔

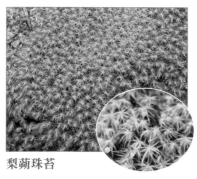

梨蒴珠苔

砂蘚

檜葉金髮蘚

仙鶴苔

日本鳳尾蘚

白葉苔

東亞曲尾蘚

大燄苔

萬年蘚

疣白髮苔

南亞白髮苔

包氏白髮蘚

提燈苔

白齒泥炭蘚

爪哇莫絲

毛地錢

蛇蘚

溪蘚

132

打造爬蟲類、兩棲類的
專屬生態缸

生態缸的基本知識
•
依棲息地區設定環境

將爬蟲類與兩棲類養在生態缸時，大部分的情況下，最理想的方式就是按照動物的原生條件去養。不過，將可能破壞植物、專門吃植物的動物、大型蜥蜴／蟒蛇等大型動物養在生態缸裡，卻是不切實際的做法。因此本書以不太會破壞布置的箭毒蛙、小型爬蟲類與兩棲類為主角，接下來要進一步介紹牠們棲息的自然環境。

探討是否適合養在生態缸

　　大部分的人都是先打造出生態缸後，才選擇適當的生物，但是打造生態缸的第一步，其實就是先了解欲飼養動物的棲息環境。接著，則是評估該動物的特性，確認是否適合養在生態缸中。舉例來說，想飼養棲息在熱帶雨林的蛙類時，就應仿效熱帶雨林去布置；若是棲息在草原的蜥蜴，便須調查草原環境。

　　動物的尺寸也是重要關鍵。如果是像動物

園那種龐大的機構，當然能夠打造種有大型植物與大水池的生態缸，但是一般人很難達到如此境界。此外，當動物以植物為食，布置在箱中的植物正好能滿足牠們的口腹之慾，被破壞個精光。筆者就很常見到將高冠變色龍養在生態缸中，結果植物被吃得慘不忍睹的案例。所以，在飼養前也要確認動物是否會破壞生態缸，像四爪陸龜雖然不算大型，但是牠們有挖洞的習性，會把箱內植物挖起來或是踩爛。有些愛好家會跟高冠變色龍搶快，用比牠們進食

更快的速度補入植物，
但這畢竟不是常例。

　　跨越前述門檻後，
就可以開始計畫要打造
出什麼樣的環境了。假
設是原產於南美洲的動
物，就可以選擇種植南
美洲植物、使用與當地
照片相同顏色的沙子；
而原產於熱帶叢林的動
物，則要在箱中打造伴
隨驟雨的強陣風——這
個過程光是想像就令人
興奮。

巴拿馬的叢林。

　　爬蟲類與兩棲類動物的棲息環境，主要可
分成熱帶雨林、乾燥地區、半乾燥地區與水中
這4種。其中，棲息在水中的物種，可以參照
熱帶魚缸等水族領域的布置方法，市面上就有
豐富的專書可以參考。因此本書便針對陸地與
水邊這兩大環境來做討論。此外，像玉米蛇、
鼠蛇等動物本身棲息的環境相當多元，且市面
上有許多經改良的品種，所以本書便省略不
提，但是各位當然也可以將其養在生態缸中。

◎熱帶雨林的環境設定

　　仿效熱帶雨林的生態缸，種滿大量植物且
溼度較高，常用來飼養箭毒蛙。設定環境時要
特別注意的，是在維持高溼度之餘也要保有空
氣流通。要是空氣悶濕，不僅植物會枯萎，也
將損及爬蟲類與兩棲類動物的健康狀況，最壞
的情況甚至可能害死牠們。因此，在飼養爬蟲
類與兩棲類時，多半會選擇高通風性的箱子，
打造出比大自然更乾燥一些的環境，以避免悶
濕。另一方面，還會藉由較寬的水域、增加噴
霧次數、將植物連盆一起種入等方式保有適當
的溼度。雖然多半會選用設有網蓋或是側面為
網狀的專用箱，但是仿效熱帶雨林的生態缸空
氣仍比其他類型的生態缸混濁悶熱，所以布置

的時候應該充分考量到空氣的流通狀態與整體
的通風性。

　　熱帶雨林型生態缸幾乎都會種植大量植
物，因此選擇較高的箱子會比較方便。這邊推
薦的是側面或蓋子為網狀的爬蟲類專用箱、熱
帶雨林缸專用箱、蛙類飼養箱等。觀賞魚專用
的水缸容易使空氣停滯，故不建議使用，如果
真的要選擇這類水缸，建議選擇網蓋或是用側
面為網狀的容器加高。

　　飼養的動物主要在樹上活動時，必須按照
動物的體型選擇較粗的沉木、樹枝與橡樹皮
等，打造出立體的活動空間。接下來，就要思
考該準備多大的立體活動空間——像變色龍等
幾乎都不會下來地面，所以建議以枝葉組成道
路，藉此拓寬牠們的活動範圍。就算使用的箱
子很大，要是只擺設一兩枝粗樹枝的話，就稱
不上是有效地運用空間。請以樹枝、沉木與橡
樹皮等，打造出讓變色龍能夠到處跑來跑去的
道路。如此一來，變色龍就能夠依需求自行移
動到適當的場所。在為牠們配置立體活動空間
時，請注意，就算動物的力量不大，當牠們停
駐在枝葉上休息時，爪子等仍可能傷到植物，
因此請選擇像黃金葛這類強韌的類型。再來要
探討的是箱子的尺寸。決定尺寸的判斷因素不

高冠變色龍成長後會開始吃植物。

只有動物體型、通風狀態，還必須考量到生態方面的問題。像箭毒蛙等動物的體型最大不過就5cm左右，但是牠們的個性較神經質，就算是小型種也需要較大的箱子。

設定溫度建議以27℃為基準，避免讓生態缸在夏季的炎熱時期變得又熱又悶濕，呈現三溫暖的狀態。將生態缸設置在窗邊的話，玻璃箱等容器的內部往往會變得比周邊還要熱，必須特別留意。想要避免這些問題發生，可以打開空調、擺設裝有結冰水的寶特瓶、增加噴霧次數等。秋季至春季期間，同樣要以空調管理生態缸所在空間的溫度，或是藉加熱設備做好保暖。飼養的動物主要在樹冠層等高處或是陽光下活動時，則必須加高生態缸的高度，並安排日光浴場所。殘趾虎屬會在日間活動，所以建議設置含紫外線的日光燈。飼養的動物主要在樹林地面活動時，則不需要準備那麼高的箱子，也幾乎不需要安排日光浴場所。

飼養箭毒蛙時，溼度應維持在70％以上，至於身上有鱗片覆蓋的蜥蜴類，皮膚通常比蛙類耐乾燥，所以就算溼度沒這麼高也沒關係。不過冬季還是要特別注意乾燥的問題，請依動物與植物的種類與實際狀態加以調整。這邊要再鄭重強調，不管是對動物還是植物來

說，這種高溼度的飼養箱都必須更講究良好的通風性。熱帶雨林的降雨量大，容易發生伴隨驟雨的陣風，夜間至清晨還會出現薄霧，整體環境非常潮濕。但是太陽出來以後，又會因為高溫而出現乾燥時段。這時紅眼樹蛙等為了保護自己不受乾燥傷害，會在白天以四肢貼緊身體休息，盡量避免水分流失。因此，飼養這類動物時，夜間關燈應該就可以喚醒牠們，觀察到牠們進行獵食等活動的模樣。

底材則建議鋪設至植物的根能夠抓穩的程度。土壤中的菌類能夠分解排泄物與枯葉等，減輕整理上的負擔，而且還具有保溼的功效。建議先鋪設輕石再鋪土壤，打造出良好的排水性，增加土壤中的含氧量。在土壤中混入燻炭等，有助於淨化與除臭。箱內植物愈多，愈能減少底材水分蒸發，而能夠鋪設的土壤種類也五花八門，請選擇不含肥料的類型。

下面將列出幾種適合熱帶雨林型生態缸的動物，不管是哪一種都會與植物在箱中並存，所以可別只照顧動物，連植物也要好好照料，就像在飼養整個生態缸一樣。

・箭毒蛙：

適合觀賞鳳梨等鳳梨科植物。比起昏暗的叢林深處，牠們更喜歡棲息在樹林邊緣等明亮場所，是許多生態缸中的主角。

・小型樹棲蛙類：

熱帶雨林有許多蛙類棲息著，包括蜂巢樹蛙、哥倫比亞樹蛙、理紋樹蛙、毒雨蛙、紅眼樹蛙、葉泡蛙、鴨嘴樹蛙、黑蹼樹蛙、非洲樹蛙屬、異跳蛙屬、牛眼蛙屬等。飼養中型以上的蛙類時，都應該依體重配置適當的樹枝等，讓牠們得以在上面休息又不會折損植物。

・熱帶雨林地棲蛙類：

曼蛙、三角枯葉蛙、狹口蛙、紅帶蛙、尖葉蛙、黃蜂蟾、亞馬遜丑角蛙等，都很適合沿著地面生長的植物，但是也需要配置立體活動空間。在箱中擺放落葉可當作牠們的遮蔽物，幫助牠們平靜下來，但是也必須安排其他類型

的遮蔽物。

・棲息在熱帶雨林的蜥蜴：

海帆蜥、錐頭蜥、四鱗爪蜥、偽避役蜥、仙人掌蜥、飛蜥、長棘蜥、冠蜥、變色龍（棲息在高山的品種、馬達加斯加產的小型種、侏儒枯葉避役蜥與枯葉變色龍等）、金守宮、飛守宮、弓趾虎、鱗虎、同鱗虎、平尾虎、殘趾虎、豹貓守宮、多趾虎、海南瞼虎、貓守宮、藍尾樹蜥、鞭尾蜥、臼齒蜥、翠蜥、侏蜥、紅眼鷹蜥、水獺蜥、綠樹鱷蜥等。

如果動物會潛入土中、挖起植物的根部，或是飼養力氣比較大的品種時，建議選擇生長速度較快的黃金葛等植物。飼養棲息在高山上的變色龍時，需要較低的環境溫度，因此選擇植物時也必須考量到這一點。殘趾虎很適合滿滿都是綠意的生態缸，歐美還可以看到將牠們與箭毒蛙養在一起的生態缸。許多殘趾虎都需要開闊的場所、明亮的環境，也必須以含有紫外線的日光燈照射，但是環境溼度不像前面介紹的那麼高也無妨。箱中植物除了可保持溼度以外，也是很好的遮蔽物。

・棲息在熱帶雨林的蛇類：

有綠瘦蛇、彎斑金花蛇、過樹蛇、馬達加斯加葉吻蛇、檸黃纖蛇、灌棲蛇、獨角獸游蛇、紅尾節蛇等，以擬態成藤蔓植物或樹枝者居多，因此養在植物眾多的生態缸時，可能連

飼主都很難找到牠們的身影。飼養這類動物時，要秉持著飼養整個環境的心態才行。

・其他：

巨型無趾蠑螈等具樹棲傾向的有尾類等等。市面上流通的蠑螈與山椒魚以溫帶動物居多，但是仍有像巨型無趾蠑螈這類棲息在熱帶地區的生物。

◎乾燥地區的環境設定

仿效沙漠、砂礫地區、較乾燥草原、岩石地區等乾燥環境的生態缸中，很常看見小型蜥蜴的身影。像鬆獅蜥、岩蜥與沙蜥等，棲息在地面的鬣蜥科動物與澳虎等就很適合。這類動物都很強壯，適合的生態缸也很容易打造。

為棲息於乾燥地區的爬蟲類打造生態缸時，必須選擇地板面積寬敞的箱子。使用水族缸的話可搭配飼養蘭壽用的網蓋。市面上有許多製造商推出橫長的爬蟲類、兩棲類飼養箱，為了保有良好的通風，這些商品基本上側面都是網狀的。

仿效乾燥地區的生態缸，溫度設定高於前面所談的熱帶雨林型生態缸，並須配置局部熱點。布置時要以岩石與沉木為主，若要種植植物，建議選擇耐乾燥的仙人掌等。為了避免動物傷到箱中植物，最好將植物種在岩石與沉木上等高處。棲息於這類環境的動物，通常有在

黑唇擽蜥也包含在本書所討論的範圍內。

葉鼻蛇

強烈日光下曬日光浴的習性，所以應以紫外線含量高的日光燈照射，但是也別因此忘記設置遮蔽物。為飼養環境布置溫度高低差的同時，必須安排讓動物躲避紫外線的遮蔽物。此外，就算仿效乾燥地區，也要放入小小的水容器，製造出生活必需的水域。

打造乾燥地區型生態缸時，最大的樂趣莫過於選擇要鋪設的沙子、土壤、沉木、石頭、岩塊等，並將其實際布置在其中的過程。這時會發現，搭配動物棲息地的現場照片去做選擇，才是最為合適的。例如：原棲息地是紅色沙子，就選擇紅色的沙子。爬蟲類專賣店等處售有色彩豐富的專用沙，請實際上門選擇適當的商品吧！有些爬蟲類白天會挖洞躲避炎熱，應為牠們鋪設較厚的沙子，飼養這類爬蟲類時，若有配置沉木或岩石等，就必須先擺好沉木與岩石再鋪設底材，才能使結構較為穩固，避免因動物挖沙而倒塌。沉木可以直接選擇熱帶魚水族用品，其中，最常用的是附有許多細枝的樹枝沉木，能夠營造出絕佳的氛圍。爬蟲類與兩棲類專賣店、園藝店等都售有形形色色的岩塊與石頭，而打造遮蔽物時也可以適度搭配橡樹皮、木化石與熔岩石等，進一步提升箱中的氣氛。

接下來就從棲息在草原、沙漠與砂礫地區的爬蟲類、兩棲類中，挑選適合生態缸的種類做介紹。

・蜥蜴類：

砂魚蜥與闊趾虎幾乎都在沙中度日，很適合與沙子為伍的生活。對牠們來說，沙子就等於遮蔽物，所以應打造出有如沙漠的生態缸。而需要另外設置遮蔽物的有德州無耳蜥、虎斑肥趾虎、扇趾守宮、松尾守宮、蠍子守宮、盔澳虎、粒趾虎等，飼養這類爬蟲類時，可以用乾燥土壤代替沙子，並建議設置局部潮濕場所。棲息在乾燥草原或砂礫地區的則有沙漠角蜥、環頸蜥、沙漠鬣蜥、紋面彈簧蜥、鬆獅蜥、彩虹鬣蜥、盾尾蜥、沙蜥、湯瑪士王者蜥、蜘蛛守宮、蜥趾虎、頭盔守宮、瘤尾虎、棘皮瘤尾虎、橫帶棘皮瘤尾虎、澳裸趾虎、珠玉守宮、帶紋守宮、肥尾守宮、白眉守宮、豹紋守宮、伊犁沙虎、刺尾岩蜥（Egernia stokesii）、刺尾岩蜥（Egernia depressa）、犰狳蜥、馬賽環尾蜥、帝王佛萊特蜥、盾甲蜥、彼得板蜥等。飼養主要在岩石間活動的爬蟲類時，配置以石頭與岩塊為主的生態缸，可以幫助牠們情緒穩定。以立體空間活動為主的動物，則要豎立橡樹皮、樹枝沉木或種植乾燥仙人掌等。

・納米比亞變色龍：

在以樹棲為主的變色龍當中，納米比亞變色龍是除了枯葉變色龍與侏儒枯葉避役蜥以外，唯一一種棲息在地面上的變色龍。牠們生活在極其乾燥的沙丘中，環境裡僅有少許植物。所以應為其準備地板面積寬敞，且空間開放的生態缸，並藉風扇等設備打造出優良的空氣流通性。

日本幾乎沒有生活在沙漠或砂礫地區的爬蟲類與兩棲類，所以這類生態缸會展現出絕佳的異國風情。此外，打造這類生態缸的一大樂趣，就是能夠觀察動物們靈巧地走在沙地上、在沙子裡挖洞築巢的模樣，如果飼養的是棲息在岩石地區的爬蟲類，還可以看到牠們曬日光浴或是登高的模樣。為短尾巨蜥等小型巨蜥打造生態缸時，亦可比照辦理。

・蛇類：

珠玉守宮

138

納米比亞變色龍

沙漠角蜥

短尾巨蜥

有西非沙蟒、童蟒與斑點星蟒等。

・棲息在乾燥草原的蛙類：

　　庫其鏟足蟾是蛙類中罕見生活在乾燥地區的品種，就算人為飼養也幾乎都躲在地底，即便為牠們打造出飼養砂魚蜥般的環境，也鮮少有機會看見牠們的身影。棲息在草原地底的散疣短頭蛙擁有圓潤的身體與短短的四肢，可愛的模樣引來高度人氣，但是飼養時同樣難以看見牠們的蹤跡，或許因為這樣，很少聽過長期飼養的案例。飼養這種蛙類時，多半會使用黑土當作底材。

・其他：

　　放眼整個龜類族群，斑點珍龜與星叢龜算是小型。雖然牠們很適合養在生態缸中，但是市面上的流通量極少。要為牠們布置高通風性的飼養環境。

◎溫帶地區的環境設定

　　日本位於溫帶地區，棲息在這類環境的爬蟲類與兩棲類中，有很多強壯的品種，因此在打造飼養牠們的生態缸時，也較為容易。溫帶型飼養箱適合的植物非常多樣，能夠盡情發揮布置的創意。但是溫帶地區的爬蟲類與兩棲類中，有很多在野生環境下都需要冬眠，人為飼養時若能在冬季加溫，也能養出較好的成果。此外，最好在箱中打造溼潤處與乾燥處、明亮處與陰暗處等，賦予其溫度、溼度與光線條件的差異。

　　飼養這類爬蟲類與兩棲類雖然重視箱子的寬度而非高度，但是仍建議具備一定的立體空間，市售爬蟲類與兩棲類專用箱的標準規格就同時具備高度與寬度，相當合適。溫帶地區的棲息環境需要一定程度的溼氣，因此應種植植物、準備較寬敞的水容器與遮蔽物等。要擺設讓蛙類等停駐的樹木時，必須依個體的尺寸選擇適當的粗細度，如此一來，才能看見牠們在樹上休息或睡眠的模樣。

　　基本上，溫帶型生態缸不加溫也沒關係，但是飼養蜥蜴就要特別在箱內製造溫度的高低差，這時可以用聚光燈照射局部範圍，讓個體可以在此曬曬日光浴。雖然有些物種在冬季有冬眠的習性，但是飼養時為了降低風險，仍建議全年執行溫度管理。

　　水域範圍則應依照各物種對水的依賴程度

做調整，像蛙類就要準備較大的容器，讓個體能夠悠閒地浸泡全身，樹棲型蜥蜴等則只需要小小的水容器即可。

下面列出來的，是適合這類生態缸的爬蟲類與兩棲類。

· **爬蟲類：**

琉球攀蜥、大石頭山鬣蜥、捷蜥蜴、珠寶蜥、藍喉鋸緣蜥、壁蜥屬、翡翠草蜥、日本草蜥、南草蜥、日本石龍子、中國石龍子、琉球光蜥、南蜥類、桃舌蜥、日本守宮、疣尾蜥虎、東亞腹鏈蛇、沖繩腹鏈蛇、襪帶蛇、環頸蛇、日本錦蛇、日本四線錦蛇、紅竹蛇、日本土錦蛇、玉斑錦蛇等。

飼養琉球攀蜥時，應設置縱向粗枝。飼養的草蜥若擁有細長的身體與尾巴（翡翠草蜥等），樹棲傾向較高，因此在生態缸中種植植物、配置細枝等，理應可以看到牠們在枝葉上行動的模樣。另一方面，若飼養的是中型草蜥、體型偏笨重時，則應打造出寬敞的開放式空間，然後再另外設置遮蔽物。儘管中型草蜥的體型較粗圓，行動仍然相當敏捷，所以在植物設計上也必須多費點工夫。飼養棲息在水邊的蛇類時，只要還原水邊環境，就能夠觀察到牠們在大自然下的生態。

· **兩棲類：**

東方鈴蟾、綠蟾蜍、南部蟾蜍、美國綠背蟾蜍、日本樹蟾、中國樹蟾、灰樹蛙、美國樹蟾、犬吠蛙、白氏樹蛙、巨樹蛙、喬木樹蛙、施氏樹蛙、琉球樹蛙、越南苔蘚蛙、日本樹蛙、艾氏樹蛙、非洲大眼蛙、亞洲錦蛙、日本林蛙、達摩蛙、黑斑側褶蛙、土蛙、澤蛙、先島澤蛙、鐘角蛙、南美角蛙、虎斑鈍口螈、斑點鈍口螈、雲石蠑螈、紅腹蠑螈、劍尾蠑螈、金麒麟蠑螈、加州紅腹蠑螈、火蠑螈等。

為蛙類配置休息用的樹木時，應依照體型決定粗細程度。如果飼養的是棲息在水域附近的種類，則應準備較寬敞的水容器。若為棲息在樹林地面等品種，除了要設置可以藏身的遮蔽物外，也要選擇較淺的水容器，因為水棲傾向較低的蛙類遇到太深的水池時，可能會發生溺水等意外。

犬吠蛙

生態缸的基本知識
·
組合與材料

製作生態缸的材料，依內容與創意而異，種類多得數不清。以前的愛好者都得逛遍水族用品店或五金行等，從熱帶魚用品或園藝用品中拚命尋找是否有適用的產品。但是在這個方便性不可同日而語的年代，市面上已經有許多專用產品可以選擇，只要前往爬蟲類與兩棲類專賣店等處，就能夠找到許多適合布置生態缸的商品。

從前面介紹過的生態缸範例可以看出，內容物的組合五花八門，每個生態缸都獨具創意。各位可以參考這些範例，從中擷取自己適用的部分加以搭配，將其運用在實際的生態缸製作中。

爬蟲類與兩棲類棲息的環境十分多樣，需要的飼養條件也大相逕庭，所以接下來就要介紹生態缸的基本組合與材料。了解這些基本事項後，能夠打造出什麼樣的生態缸，就全憑各位的想像力與巧思了。請各位邊觀察植物與動物的狀態，邊靈活地構築出合適的飼養環境吧！

箱子

◎自然通風型

飼養蛙類時，最適合的是玻璃箱，由於必須裝設排水管與噴霧設備的管線，所以也要挖好供管線穿過的孔洞，而專賣店即可購得這樣的箱子。自然通風型的箱子頂面與前面各有局部設計成網狀，如此一來，氣溫提升時就會出

自然通風型箱子

觀賞魚專用玻璃缸

赤玉土（小顆粒），右半邊是打溼後的模樣

輕石，右半邊是打溼後的模樣

黑土，右半邊是打溼後的模樣

荒木田土，右半邊是打溼後的模樣

腐葉土，右半邊是打溼後的模樣

泥炭土，右半邊是打溼後的模樣

現上升氣流，讓暖空氣從上方排出。此外，專用箱的前面通常都是滑門式，保養起來比較方便。

◎爬蟲類專用箱

　　以前飼養爬蟲類時，通常會直接使用飼養熱帶魚的水缸，但是近年來各大製造商都推出了爬蟲類與兩棲類的專用箱。這類箱子考量到通風問題，設有網蓋或是網狀側面，並有滑門式或對開門式等種類可以選擇，用起來相當方便。爬蟲類專用箱的尺寸與形狀依廠商而異，

各位只要購買用起來順手的即可。只打算種植物時，可以選擇上方敞開的開放式箱子，若要飼養動物的話，就建議選擇局部設計成網狀，且前面為滑門式的類型。

◎水缸

　　玻璃缸不容易刮傷，但是很重，壓克力缸雖然較輕，可是稍微刮到就會看到傷痕。玻璃缸從觀賞的角度來看較具優勢，但是通風性較差，因此不能搭配玻璃蓋，必須以網蓋為主，再視情況（溼度等）用塑膠板蓋住一半等。專

發泡煉石（小顆粒）

陶瓷顆粒土，右半邊是打溼後的模樣

KETO土，右半邊是打溼後的模樣

能夠避免餌料昆蟲逃走的網眼（專用箱）

納米比亞沙（爬蟲類專用沙），右半邊是打溼後的模樣

燻炭，右半邊是打溼後的模樣

賣店也有針對爬蟲類與兩棲類設計的玻璃缸，會在水缸上方設置加高木框，並搭配網狀側面。

◎塑膠箱

常用來飼養角蛙等，必須單獨飼養的動物。在生態缸大掃除時，也可以將個體暫時放在塑膠箱中，因此家中固定備有塑膠箱會比較方便。

◎食品保鮮盒

只要挖開小孔，就成了能夠保有高溼度的容器，主要用來飼養幼蛙等。雖然加工簡單、便宜又容易購得，但是環境品質變差的速度很快，因此比較適合老手。

◎其他

想要完全吻合自己想要的飼養空間，或是有特殊想法時，就可以發揮創意自己為動物量身打造適合的箱子。

土（底材）

生態缸中的土壤是細菌的住處，而土壤中的細菌則有分解排泄物與植物枯葉等功能。另外，土壤還具有讓植物扎根、減緩溫度變化速度的功能。土壤中含水的話也有助於箱中保溼。由此可知，在箱中鋪設土壤可以帶來豐富的機能，不過當中最重要的理由，其實是鋪土可以延長大掃除的間隔時間。如此一來，不僅能夠減輕飼主保養上的負擔，養在裡面的動物也可以藉此減少被移動所造成的心理壓力。

底材對會潛入土中或沙中的動物來說，兼具遮蔽物的功能；對樹棲動物而言，則可在牠們跳下來時達到緩衝的作用。底材的最下層鋪設輕石的話，可以增強排水性，對植物也有幫助氧氣到達根部的好處。

◎赤玉土

園藝領域中最普遍使用的土壤，裡面不含肥料，所以很適合用在生態缸。此外，還有小顆粒、中顆粒等各種尺寸可以選擇。

◎KETO土

用來製作苔球等的黑色土壤，質地宛如黏土。可以當成黏著劑使用，用來固定物體。

◎荒木田土

群落生境（biotope）等常用的土壤，園藝店等處都可以買到，質地略帶黏性。

◎椰纖土

蛙池與綠色箭毒蛙。

將爬蟲類飼養上經常用到的椰子纖維加以粉碎製成。

◎陶瓷顆粒土

以園藝專用黏土燒製而成，常用於沒有盆底孔的容器。但是飼養蛙類時不建議使用，否則會有誤食的風險。有時也會用來黏在後方的橡樹板上面。

◎輕石

鋪在最下層可以提升排水性，但是飼養蛙類時不建議使用，否則會有誤食的風險。

◎發泡煉石

在市面上以HYDRO BALL等品名販售，多孔性質，常用於水耕。

【土壤種類與特徵】

	通風性	鎖水性
赤玉土	★★★	★★★
鹿沼土	★★★	★★
輕石	★★★	★
水苔	★★★	★★★
腐葉土	★★★	★★
泥炭土	★★★	★★★
層脹蛭石	★★	★★★

植物

能夠為飼養環境加分的植物，也是筆者建議各位一定要布置的要素。尤其是棲息在熱帶雨林、草原等地的爬蟲類與兩棲類，植物對牠們來說既是遮蔽物也是繁殖場所，有些更會將枝葉當成道路移動，可以說與生活密不可分。

布置植物也可以大幅提升生態缸的氣氛。前面談到土壤中有細菌存在，能夠分解排泄物與落葉等，而細菌分解出來的營養則會被植物從根部吸收。由此可知，在飼養環境中種植植物能夠帶來許多好處。

適用的植物，依飼養動物所需的環境而異，像沙漠型生態缸就不適合不耐乾燥的植物。且各飼養環境所需的光量不同，所以在選擇植物時必須顧及溼度與日照需求。但是同一生態缸中的植物，也會有長得好跟長不好的差異，這是因為即使整體環境條件相同，不同位置的溼度與日照多少還是會有差異，再加上植物種下去時的狀態也會影響到後續的生長情況，所以各位不妨盡情選擇喜歡的植物，實際種下去後才知道生長的狀況。

將植物從花盆中挖出來，直接種在生態缸裡會比較好。因為盆栽本身的土壤可能含有農藥，所以要盡量在不傷到根部的情況下清除原本的土壤。雖然前面有介紹過，植物能夠吸收土壤細菌的分解物，但是真的不方便種在裡面時，也可以考慮直接連盆一起種入。這麼做總比完全沒有植物要好。空氣鳳梨等，看是要吊在樹枝上或是直接擺放，都沒有關係。

生態缸最常使用的植物之一，就是黃金葛。黃金葛是堅硬且葉片寬大的藤蔓型植物，不僅強壯，也長得快，能夠適應許多不同的環

境，非常好用。對紅眼樹蛙等動物來說，黃金葛是絕佳的休息場所。此外，像袖珍椰子、馬拉巴栗、細葉榕、白鶴芋等觀葉植物或水耕植物，也都很適合生態缸。

五彩鳳梨與鸚哥鳳梨等叢葉型觀賞鳳梨，是箭毒蛙等多數小型至中型蛙生態缸中常見的植物。觀賞鳳梨是種極富魅力的植物，充滿了異國風情，甚至有人在箱中種滿觀賞鳳梨。當然，就算只種一株也很搶眼。大部分的觀賞鳳梨都是附生植物，分布在北美大陸南部至中美、南美大陸南部。空氣鳳梨可概分成銀葉系與積水型鳳梨等綠葉系這兩種，銀葉系生長在日夜溫差劇烈的場所，進行的是CAM型光合作用，也就是在乾燥高溫的白天進行光合作用，入夜後則打開氣孔呼吸、攝取二氧化碳，因此請在關燈後澆水。

為生態缸選擇沿著地面生長的植物時，通常會選擇常春藤、薜荔等。苔類則可前往熱帶魚專賣店等處購買相當普遍的爪哇莫絲，將爪哇莫絲養在水域附近會長得比較好。此外，像羽苔也是強壯好種的苔類。

不管選擇什麼樣的植物，通常都必須搭配良好的通風，才能養得漂亮。日照不足也會造成植物枯萎，因此懷疑日照量不足時，就應該將植物換到明亮處而非置於沉木陰影處，同時也最好提高燈具的等級。另外，還要注意過度潮溼的問題。

再來就是要修剪過長的植物，其中，黃金葛剪掉後還會伸出側芽繼續繁殖。有時會發現不知不覺間長出了菇類或是茂密的蕨類植物，放著不管也無妨，甚至有人刻意放入帶有孢子的蕨類葉片以增添生態缸的氣氛。

照片中的兩個生態缸都種了相同的兩種植物。或許兩箱之間有什麼條件差異，過一段時間發現植物的生長狀況不大相同。

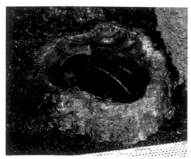
飼養動物一定要準備水域，就算是乾燥型的飼養環境也要設置小小的水容器。

苔類都長到前方網板了，只要生長條件好，就會發生如此狀況。

生態缸裡也會長出雜草，不喜歡的話就修剪掉吧！

金屬鹵化物燈，能夠散發出近似陽光的波長。

飼養昆蟲專用的樹皮，可當成遮蔽物，或是用來提升箱中氣氛。

巴西堅果殼。箭毒蛙在棲息地時，也會在巴西堅果殼裡產卵。

有空洞的沉木，可以擺在箱中作為裝飾，還能成為蛙類的遮蔽物。

以石板與碳片等打造成的遮蔽物，是良好的立體活動空間。

水

　　前面已經介紹過水有多麼重要了，這邊要再鄭重強調一遍——無論是棲息在熱帶雨林還是沙漠的生物，都需要水。所以除了設置水容器之外，也要搭配其他方法為牠們補充水分。蛙類是用皮膚與總排泄孔吸收水分，不是直接以嘴巴飲水，所以必須為牠們打造水池並經常更換乾淨的水。樹棲型蜥蜴通常不會乖乖飲用水容器中的水，要用手動或自動噴霧設備、滴水設備等製造出「流動的水」，吸引牠們過來飲用。

　　生態缸的供水設備，是仿效霧氣或伴隨驟雨的強陣風，用來取代降雨的，除了手動或自動噴霧設備以外，還可以透過水族專用的桶式過濾器製造出水流，或是用水中馬達抽水等方式潤濕箱中環境。以自然通風型箱或水缸加設排水孔，就能夠不斷引進新水、排出髒水，是當前最好的方法。次佳的則是Overflow式過濾法，容量大的話水質比較不易變差。沒辦法實現前述方法時，則可以用水中馬達吸出髒水，或是用水中過濾器等過濾。供應水量偏多時，就應鋪設更多底材，以提高生物過濾的效果。馬達吸水時需要的最低水位依產品而異，請先確認清楚再使用。設置在外面的桶式過濾器清潔起來比較輕鬆，但是同樣要注意運作所需的最低水位。不知道飼養動物需要的溼度時，建議在箱中配置溼度不同的場所，或是擺放溼頂陶瓷遮蔽屋（wet shelter）等，讓動物能夠自行選擇喜歡的場所，再從動物的行為模式判斷最適當的溼度。但是將排泄量小的生物養在毫無植物的乾燥環境時，則不在此限。

照明

　　爬蟲類與兩棲類有夜行性與日行性兩種。夜行性動物會等天色變暗後，才從遮蔽物出來

從洞穴中探頭的紅艷箭毒蛙。
請為飼養的生物多準備幾個遮
蔽物吧！

陶瓷盤，可以當成水或餌料的容器。要用來
餵餌料時，選擇內側光滑的盤子可以避免昆蟲
餌料爬出來，但是箭毒蛙等小型個體也可能
爬不出來，必須特別留意。

爬蟲類與兩棲類專用的溫溼度計，可以用吸
盤直接吸附在箱內，相當好用。

溫度檢測筆，不用接觸到物體就能檢測溫
度，非常方便。

液晶螢幕顯示的爬蟲與兩棲類專用自動調溫
器，連接燈具與保暖器具就可進行管理。

獵食，環境一直很明亮的話，有些個體就會躲
在遮蔽物中不出來，最後餓死在裡面。因此飼
養時也應比照自然環境，定時亮燈與關燈，為
生態缸打造規律的生活節奏。有些老練的飼主
因為職業等因素只有夜晚能夠打理生態缸，於
是便在夜間亮燈、白天讓生態缸陷入昏暗，打
造出顛倒的日夜作息。有些人則會依實際日照
時間調整燈照時間，盡量整頓出與棲息地相似
的環境條件。

　　用來照亮生態缸的燈具分成含紫外線與不
含紫外線的類型，水族專用日光燈比較便宜也
容易買到，但是不含紫外線；爬蟲類專用日光
燈內含的紫外線強度則依製造商不同而異。此
外，市面上還有金屬鹵化物燈可以選擇，飼主
可以依喜好、預算、生態缸環境設定與生物的
紫外線需求量等去做選擇。簡單來說，日行性
動物應使用爬蟲類專用日光燈，兩棲類可以使
用水族日光燈，而大多數蛇類與守宮都屬於夜

行性，通常不需要用到爬蟲類專用日光燈。

保暖設備

　　冬季嚴寒時，必須在箱中設置保暖設備，
或是藉由空調來管理生態缸所在位置的溫度。
選擇保暖設備方面，可以直接貼在箱底或側面
的保暖墊很方便，另外還有爬蟲類與兩棲類專
用的保暖燈等，不管選用哪一種，都應該以自
動調溫器做好管理，並用溫度計、溼度計等工
具每天確認數值，養成習慣就比較不容易失敗
了。

遮蔽物

　　除了市售專用產品之外，其他還有沉木、
樹枝、巴西堅果殼、花盆、樹葉、筒狀橡樹皮
等素材可以運用，素燒的溼頂陶瓷遮蔽屋
（wet shelter）只要在上方加水就能提高內
部溼度，是非常好用的商品，常用於爬蟲類與

兩棲類的飼養。

其他

　　橡樹板與碳化橡樹板都可以用鋸子鋸斷後，再用矽利康黏在背面等處，橡樹筒等素材則可以當成遮蔽物。蛇木棒與蛇木板除了外觀就可看得出來的絕佳通風性之外，鎖水性也很好，可以在凹陷處塞滿水苔再種入植物，接著就可以用繩子固定在牆面上。適合用來種植黃金葛、蔓綠絨、常春藤與蕨類等植物。

◎沉木

　　熱帶魚專賣店等處售有各種形狀的產品，其中，樹枝沉木等能夠製造出很棒的氣氛。用數塊沉木組成遮避物，或是將沉木當成主視覺

布置在生態缸裡，像這樣一邊思考一邊構圖也是一大樂趣。另外，也可以直接使用河邊撿到的木頭等等。

◎石頭、岩塊

　　可以參考棲息地的照片，選擇相似的石塊打造出有如實地的氛圍。熔岩石等多孔的石頭不僅可當作土壤，培養分解排泄物的細菌，也很適合讓苔類附生。木化石等則很適合打造成箱中的主視覺部分。若要布置小石頭等，建議用隨性灑上的方式而非平整地鋪上，看起來會比較自然。此外，應在倒入沙子或土壤前就先砌好岩石。想要還原川流效果的話，可以實際到附近的河川進行觀察，看看河川是如何在石塊間流動，植物是如何生長，一定能作為布置

葉片上的是草莓箭毒蛙（巴拿馬），是在森林邊緣的開闊場所發現的。

落葉。布置時撒上少許落葉，能夠增添自然風情。

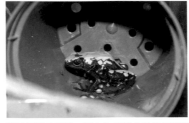

雌性個體產卵後，正在為卵供水的雄性潑彩箭毒蛙。

橡樹皮，形狀彎曲的很適合打造成遮蔽物，或用來增添箱中氛圍。

生態缸時的參考。

◎構圖與細節巧思

打造過數個生態缸、有豐富經驗的愛好者，除了會善用植物的特性之外，在布置時就會考慮到半年甚至是一年後的模樣。生態缸的構圖沒有既定的規則，所以請別怕失敗，盡情地嘗試吧！在布置上不妨參考下列原則：

· 會長很高的植物種在後面，低矮的植物則種在前面。這是水草缸等常用的布置方式。
· 在前方局部配置較大的植物，打造出箱中的遠近感。
· 水池設在高處而非地面。
· 生態缸旁邊也可擺設大型植物盆栽，將整體

飼養環境打造成叢林。
· 種植會沿著地面生長的植物時，種在橡樹皮或沉木等上面有助於它們存活。
· 採用凸型構圖，將特別醒目的植物布置在中央。
· 採用凹型構圖，將開放式空間配置在中央。
· 用極大與極小的植物形成對比，設計出富動態感的構圖。
· 留意色彩的對比，例如，用滿滿的綠色植物來襯托紅色的空氣鳳梨。
· 生態缸頗具高度時，可以將植物連盆一起懸吊在天花板上（要經常澆水）。
· 用石板堆疊出階層，打造出立體空間。

橡樹板，可以依箱子背面的尺寸切割後再貼上。

碳化橡樹板，是經過壓縮的橡樹板，照片中的為深褐色。

蛇木片，園藝店等處都可買到蛇木棒或蛇木板。

熱帶魚專賣店等處售有形形色色的沉木。

樹枝，可以向公園等處的管理人員索取剪下來的就好。

乾燥仙人掌，很適合當成遮蔽物，通風性極佳。

石板，可以堆疊出階層，也可以豎起來斜靠在側面。

木化石，只要擺設一塊就能提升整體的氛圍。

熔岩石，表面有許多小孔，還有岩石狀的產品。

蛙類專用的小碳片，放進水裡可以淨化水質。

碳可以用來製造地形或是保護植物根部，可依需求自由運用。

在碳上生長的苔類。環境溼度與通風性俱佳時，苔類甚至會覆蓋整個碳的表面。

竹製鑷子，可以準備餵餌專用與保養專用兩種。

小型噴霧罐，容量愈大愈好用。

束線帶，可在園藝店等處購得，是可以固定植物與樹枝的方便產品。

1,2 造形君。完全以天然素材製造的造形材料，是生態缸常用的產品之一。

3 加水後就可以捏成塊，接著只要盡情抹在要使用的地方即可。玻璃面、壓克力面與塑膠面都可以使用，只要稍微噴霧就不會崩解。另外，也可以覆蓋在沉木或盆子上，讓苔類得以生長。

4 可種植君（植える君）。吸收性極佳的植栽專用塑形材料，非常適合用於生態缸中，也可以先用它打底再覆上造形君。

5 只要含有水分就可以定色。加工非常簡單，用美工刀切割或用手撕都沒問題。在上面開孔就能夠打造出洞窟。

6 將可種植君加工成需要的形狀後，再塗抹造形君。

7 完工後就可以把溼氣傳到不易接觸水分的位置，讓箱中各處都得以植栽，同時還可以自由打造地形。

在生態缸中
飼養爬蟲類、兩棲類

前面已經談過，在生態缸中飼養爬蟲類與兩棲類時，該如何選擇環境與布置方法，此外，也提供了數則範例，期望為各位帶來豐富的靈感。接下來，就請各位按照飼養種類、應準備的空間等，設計出專屬於自己的作法吧！本章將補充餵餌與繁殖等環境以外的要項，進一步的詳細資訊請參照各相關專書。

箭毒蛙的飼養

◎飼養環境的打造方法

本書已經介紹了許多製作範例，這邊就來複習一下基本項目。

①**植物**：具備遮蔽物、產卵處與幼體住處等功能，且排泄物被土壤細菌分解成養分後，也會由植物吸收掉。

②**土壤**：應選擇赤玉土、椰纖土等不含肥料的類型。具有培養細菌、供植物附生的功能。想要提升土內排水性的話，建議在最下層鋪設輕石。在設有排水孔的生態缸鋪設腐葉土的話，可以培養出跳蟲等促進分解，筆者相當推薦；但是箱中若無排水孔，這麼做只會徒增土壤細菌的負擔，所以不太建議。

③**氣溫**：雖然箭毒蛙棲息在中南美熱帶雨林，

但是難以適應日本的炎熱夏天，所以高溫時應打開空調或用電風扇通風。同時，也必須設置溫溼度計，隨時掌控箱中的溫度與溼度。飼養箭毒蛙的建議氣溫為日間27℃、夜間20℃，因此冬天時也要使用加熱墊等，或是藉空調管理生態缸所在處的氣溫。由於空調運轉與冬天都會有空氣乾燥的問題，所以也別輕忽溼度的確認。

④溼度：可以藉手動噴霧或自動噴霧設備，為生態缸製造降雨。這邊要特別注意的，是寒冷時不能突然以冷水噴霧。水在使用前應靜置一段時間，且溫度控制在25℃左右。箱內理想的溼度為70％以上，除了用手動或自動噴霧時時供應新水之外，最好還可以設置排出髒水的排水孔。無法這麼做時，建議裝設桶式過濾器、水中過濾器或運用Overflow式過濾法等，在促進水循環之餘過濾水質。

再來要談的是前面多次提到的「嚴禁悶濕」原則。氣溫升高會伴隨著水分蒸發，自然界的風能夠吹散水蒸氣，但是未加以設計的生態缸卻可能發生水分無法蒸散，使箱中溼度不斷提高的問題，造成所謂的「悶濕狀態」。「悶濕」對蛙類與植物都會造成不好的影響（人類在此環境下也會覺得痛苦），因此必須設置風扇等，讓風吹走這些水蒸氣，最好還可以準備大一點的箱子。

此外，建議的噴霧次數為一天兩次以上。

⑤水：箭毒蛙的棲息環境中一定會有水域，所以必須設置水盤或是專用水池。由於蛙類會透過皮膚補充水分，要隨時維持水質新鮮。

⑥光照量：生態缸必須設置燈具，以代替陽光注入光線。規律的亮燈時間能夠幫助蛙類維持正常的生活作息。而且光線對植物來說也非常重要，有光線才能夠行光合作用，缺乏光照的話植物就會枯萎，進而造成箱中髒污。為了讓土壤細菌分解完排泄物後，能夠被植物透過根部吸收，請務必設置燈具。這邊建議的亮燈時間為一天12個小時左右。

網紋箭毒蛙

黃斑黑蟋蟀幼體

◎餵餌

基本上，每天都需要餵食的箭毒蛙，只要有小型昆蟲即可，不一定要想辦法繁殖果蠅。目前是以餵食芝麻顆粒大的蟋蟀幼體為主流，雖然箭毒蛙的體型很小，但是牠們獵捕小蟲的模樣同樣具有動態的野性美。餵食的餌料尺寸依飼養個體而異，箭毒蛙屬下的品種是靠伸舌頭捕食，因此只能吃下小到與自己身體不成比例的昆蟲。幽靈箭毒蛙屬與葉箭毒蛙屬則會直接張口咬餌，大型的黃金箭毒蛙等甚至可以輕鬆吃下7mm的家蟋蟀（仍建議選擇偏小的體型，並餵多一些）。蟋蟀在儲藏階段應餵食充足的營養，才能成為養分十足的餌料。

黃紋箭毒蛙

黃帶箭毒蛙

皇冠箭毒蛙

◎其他

　　箭毒蛙必須餵食果蠅的刻板印象太強烈，導致很多人認為將其養在生態缸中是件困難又麻煩的事情。但是牠其實是蛙類裡飼養方法最具體的一種，因此日本國內外都有許多飼養案例。從這個角度來看，箭毒蛙其實很好養，相當適合新手。許多蛙類都是夜行性動物，白天都躲著休息，入夜後才會開始活動，但是箭毒蛙是日行性動物，飼養時的樂趣將更加豐富。畢竟就算養了外型搶眼的紅眼樹蛙，通常也要等到關燈後才有機會看見牠們。或許是因為色彩強烈的警戒色（代表皮膚擁有劇毒）讓箭毒蛙自信滿滿，也或許是這樣的體色要在白天才能清楚展現出警告意義，所以箭毒蛙才會大大方方地在白天活動吧。將牠們養在生態缸時，同樣有很多觀察機會，樂趣十足。現在市面上流通的幾乎都是人工繁殖個體，所以都已經少了毒性，可以直接用手觸摸。箭毒蛙可以說是蛙類中社會化最高的一群，飼養時不僅可以觀察牠們吃餌、成長、鳴叫與搶地盤的模樣，有時還可以看見雄性個體間打架，宛如在比相撲一樣。箭毒蛙的繁殖活動同樣很出名，牠們會在空氣鳳梨的水窪產卵，還會背著自己的小孩，有些種類的箭毒蛙將小孩（蝌蚪）產入水窪後，會再產出未受精卵餵食（餵卵）。

樹棲型蛙類的飼養

◎飼養環境的打造方法

　　基本布置原則比照箭毒蛙，但是必須設置乾燥場所，確保更充足的通風。尤其有些品種（蠟白猴樹蛙等）的棲息地不在熱帶雨林，而是比較乾燥的草原等時，就必須降低箱中的溼度。紅眼樹蛙、非洲樹蛙白天會縮緊身體，靜靜待在葉片上或植物縫隙間休息，所以應在箱中配置黃金葛等植物打造出休息場所。中型到大型的猴樹蛙不會做出趴伏的動作，主要休息場所為樹枝，所以請水平配置粗樹枝，方便牠

們在上面休息。跳躍力強的蛙種需要更寬敞的活動空間，而種植大量植物也有助於使牠們安心。

◎餵餌

不管是什麼尺寸的蟋蟀，都應撒上營養劑後再餵食。建議準備較寬的容器，且內面最好光滑得讓蟋蟀逃不出來，例如：陶瓷盤等。餵食家蟋蟀時，也可以用鑷子夾著餵。

◎其他

水棲傾向高的品種、越南苔蘚蛙、綠紋樹蛙等，都需要大面積的水域。

地棲型蛙類的飼養

◎飼養環境的打造方法

棲息在地面上的蛙類生活環境五花八門，必須依照實際棲息環境準備生態缸。紫色丑角蟾蜍、曼蛙可以比照箭毒蛙。但是美國綠背蟾蜍、南部蟾蜍、豹紋紅腿蛙、紅椒蛙、鐘角蛙等蛙類所棲息的草原非常乾燥，所以不必藉由自動噴霧設備經常噴霧，只要一天稍微噴1、2次即可。此外，也建議設置素燒陶瓷遮蔽物等，且應提供寬敞的地板面積。會潛入土壤的人面狹口蛙、散疣短頭蛙、彩虹犁足蛙等，則需要較厚的底材，因為土壤對這類蛙種來說還具有遮蔽物的功能。另外，也應在箱中分設底材潮溼與底材乾燥的場所，讓個體可以自由選擇喜歡的位置潛入。

◎餵餌

基本上也是餵食蟋蟀，蟋蟀尺寸可以參照個體的嘴巴大小。由於蛙類白天時不會現身，就算餵餌也看不到牠們進食。牠們會等到入夜後才開始活動，所以關

燈前將餌料放進容器，早上醒來時通常都會發現餌料已被吃光了。鐘角蛙很貪吃，看到任何動靜都會撲上去獵捕，雖然也可以餵食家鼠寶寶等，但是要注意過胖的問題。

◎其他

三角枯葉蛙會擬態成落葉，如果箱中有落葉四散，就很難認出牠們的身影，但是這麼做卻可以讓牠們感到安心。落葉對小型蛙種來說具有遮蔽物的功能，所以請視情況適度地放入吧！

在葉片上休息的日本樹蟾。

雙色猴樹蛙（幼體）

稍微擺出威嚇態度的人面狹口蛙。

蠑螈／山椒魚的飼養

◎飼養環境的打造方法

　　有火蠑螈這種幾乎在地面上活動的類型，也有大鳳頭蠑螈這種只有繁殖期才變態成水中型態的類型。牠們活動力不像蛙類那麼強，只要在小型塑膠盒裡放入土壤、設置遮蔽物即可飼養，需要的環境非常簡單。但是種入植物有助於減少打掃次數，同樣是不錯的選擇。日本的紅腹蠑螈具有高度的水棲傾向，生態缸中需要寬敞的水域，也可以直接養在水族生態缸。由於牠們對水的依賴程度更高，所以更須隨時保持水質的乾淨。這類動物經常攀著生態缸的邊角逃脫，可別忘記設置網蓋喔！

◎餵餌

　　紅腹蠑螈除了可以吃人工餌料之外，還可以餵食冷凍紅蟲。火蠑螈則可餵食蟋蟀。

◎其他

　　飼養紅腹蠑螈等半水棲品種時，可以同時享受陸地與水域的布置樂趣。這時，在兩邊都能發揮作用的黃金葛等，就顯得格外好用。

變色龍與樹棲型蜥蜴的飼養

◎飼養環境的打造方法

　　變色龍幾乎都在樹上活動，枝葉與植物就是牠們的道路，因此箱中必須有高高低低的水平樹枝供牠們活動，同時還要設置含紫外線的日光燈（偏弱型）與聚光燈，打造出曬日光浴的場所。盯著變色龍會對牠們造成心理壓力，所以觀察與上手都應適可而止。變色龍抓住植物時，會在植物上戳出洞，所以建議準備強壯的黃金葛等。大部分的變色龍都能夠擬態成綠葉，所以配置大量植物使箱中以綠意為主體，就能讓個體順利地融入環境，有助於使牠們感到安心。主要在地面活動的侏儒枯葉避役蜥與

枯葉變色龍飼養環境應比照箭毒蛙（不必噴霧沒關係），準備飲用水時要使用滴水式，或是噴霧在葉片上製造出水滴，個體才會知道可以飲用。冠蜥也有相同的習性，但是牠們比較喜歡停駐在縱向樹枝上，設置的樹枝不僅應更粗，也要縱向地豎立起來。只要在箱中放入粗樹幹般的大型沉木，就能夠成為遮蔽物，吸引個體躲進去。

◎餵餌

　　除了蟋蟀之外，還可以餵食黃粉蟲、餵食蠶與Honey worm等，牠們對動作與顏色都很敏感，所以餵食時應將餌料放在牠們眼前的樹枝上蠕動，或是灑滿營養劑讓牠們全身變成雪白色。變色龍會伸長舌頭捕食，這種與其他爬蟲類截然不同的獨特行為，讓牠們的獵食模樣十分有趣。等個體適應環境後，也會願意讓飼主夾著餌料餵食。

◎其他

　　在箱中飼養多隻侏儒枯葉變色龍時，往往不知不覺間就會發現牠們產卵了，某天又突然看見到處都是小小的幼體。如果生態缸仍與大自然的樹林地面一樣，隨時都有小型昆蟲餵飽

小鬍子侏儒枯葉變色龍是一種棲息在樹林地面的小型變色龍，很適合養在生態缸裡。

在樹枝間移動的傑克森變色龍。

彼特變色龍

環頸蜥的生態缸。

蠍子守宮

德州帶紋守宮

巨型環尾蜥

牠們，這些幼體自然能夠順利長大。可以準備裝滿腐葉土的水缸，並放入糙瓷鼠婦，或是打造出會繁殖出跳蟲的狀態，就有助於養大這些小變色龍。

地棲型蜥蝪的飼養

◎飼養環境的打造方法

飼養這類蜥蝪時，箱子必須擁有寬敞的地板面積。飼養的蜥蝪原棲息地為乾燥地區或沙漠時，應鋪設厚沙與遮蔽物。牠們需要的熱點溫度都相當高，所以應設置強效的爬蟲類專用日光燈，當然，也要安排照不到光的場所，才能讓個體依需求決定所處環境。地棲型蜥蝪的生存環境非常具有多樣性，請依蜥蝪品種的需求準備相應的飼養環境。

◎餵餌

基本上可以比照變色龍，餵食專門當成餌料的昆蟲。地棲型蜥蝪的進食狀況通常都很好，不太需要煩惱餵食的問題。

豹紋守宮的飼養

◎飼養環境的打造方法

豹紋守宮可以說是爬蟲類中最受歡迎的一種，英文名稱為Leopard gecko，日本愛好者因此為其取了「LEOPA」的暱稱。在市面上有相當豐富的品種流通，強壯且進食狀況佳，很適合新手，除了飼養之外，也能夠進行繁殖。想要以簡單的飼養環境來養豹紋守宮時，一般會在小盒子裡鋪設餐巾紙等當作底材，接著僅設置遮蔽物與做好防倒措施的水容器而已。但是牠們本來棲息在中東、近東的岩石地區與砂礫地區，若能夠仿效原生地打造生態缸的話，將能提高飼養上的樂趣。

建議選擇寬一點的飼養箱，鋪上細沙或赤玉土，可以用石塊建構出簡單的遮蔽物，或是直接購買市面上的人造岩石遮蔽物也很方便。此外，市面上也可以買到岩石造型的水盤，以此打造箱中的水域，就能營造出更像棲息地的氛圍。打算種植植物時，請選擇耐乾燥與高溫的多肉植物，並在周遭放置岩石等，避免豹紋守宮傷害到植物。

◎餵餌

以前豹紋守宮的餌料都是以蟋蟀為主，但是近年來，已經開發出人工飼料了，例如：LEOPAGEL與GRUB PIE等，因此現在僅餵食人工飼料也沒關係，只是必須做好個體不願意食用的心理準備，事先還是要打聽清楚該怎麼買到蟋蟀。LEOPAGEL的黏性稍高，用鑷子夾取餵食的時候請放在平坦的石塊上而非沙土上。

川普白化

橘化

監修者簡介

松園 純

出生於1957年，是蛙類與異國植物專賣店「Wild Sky」（http://www.wildsky.net/）的老闆，將「讓全日本飼養的蛙類都幸福」視為使命，並對箭毒蛙與鳳梨花灌注特別深刻的熱情，致力於推廣真正的兩棲生態缸。著作包括《爬蟲類・兩棲類圖鑑 箭毒蛙》、《爬蟲類・兩棲類飼養指南 蛙類》、《爬蟲類・兩棲類新手指南 蛙類》（以上皆為暫譯，誠文堂新光社），《兩棲生態缸專書》（暫譯，文一綜合出版）。部落格（http://wildsky.livedoor.biz/）。

STUFF

著作、攝影／川添宣廣
設計、插圖／freedom

協助

Aqua Cenote、aLiVe、淡島 海洋公園、ESP、Exotic Café MOO、iZoo、遠藤元也、Endless Zone、ORYZA、Cafe little ZOO、龜太郎、candle、Creeper社、Crazy Geno、國島洋、桑原佑介、櫻井貿易、THE PARADISE、清水秀男、白黑生物部、W&B、杉山伸、高田爬蟲類研究所沖繩分室、Dinodon、T&T REPTILES、動物共和國WOMA+、TOKO CAMPUR、鳥羽水族館、driftwood、nuance、熱帶俱樂部、爬蟲類俱樂部、Herptile Lovers、fever、VIVARIA REPCAL JAPAN株式會社、V-house、Pumilio、BURIKURA市、松之山森林學校KYORORO、Maniac Reptiles、八木忠孝、Little town戶田店、RIMIX PEPONI、Reptile Shop、爬蟲類專賣店GALApagoS、REPTILES、Wild sky、Wild Monster、大谷勉、尾崎章、加藤學、KIBOSHI龜男、小家山仁、小林繪美子、寺田彩香、齋藤清美、戶村HARUI、永井浩司、H、松村SHINOBU、Lars Remke、Hans Von Meerendonk、Eric Wevers、Renate＆Brend Pieper、Ralf Kamp

參考文獻

Creeper（Creeper社）
兩棲生態缸專書（文一綜合出版）
爬蟲類、兩棲類圖鑑 箭毒蛙（誠文堂新光社）
爬蟲類、兩棲類圖鑑 變色龍（誠文堂新光社）
爬蟲類、兩棲類圖鑑 蜥蜴①（誠文堂新光社）
爬蟲類、兩棲類圖鑑 蜥蜴②（誠文堂新光社）
爬蟲類、兩棲類影像大圖鑑1000種（誠文堂新光社）
爬蟲類、兩棲類飼養指南 變色龍（誠文堂新光社）

爬蟲類、兩棲類飼養指南 蛙類（誠文堂新光社）
爬蟲類、兩棲類新手指南 蛙類（誠文堂新光社）
爬蟲類、兩棲類新手指南 蠑螈（誠文堂新光社）
原色溫室植物圖鑑（I）（保育社）
蕨類植物手冊（文一綜合出版）
Wonderful plants book 1（Media Factory）
Wonderful plants book 2（Media Factory）

打造爬蟲類、兩棲類的專屬生態缸

2019年6月1日初版第一刷發行
2022年4月1日初版第二刷發行

作 者	川添宣廣
監 修 者	松園 純
譯 者	黃筱涵
編 輯	陳映潔
美術編輯	黃盈捷
發 行 人	南部裕
發 行 所	台灣東販股份有限公司
	＜地址＞台北市南京東路4段130號2F-1
	＜電話＞(02)2577-8878
	＜傳真＞(02)2577-8896
	＜網址＞www.tohan.com.tw
郵撥帳號	1405049-4
法律顧問	蕭雄淋律師
總 經 銷	聯合發行股份有限公司
	＜電話＞(02)2917-8022

國家圖書館出版品預行編目資料

打造爬蟲類、兩棲類的專屬生態缸 / 川添宣廣著；
松園 純監修；黃筱涵譯. -- 初版. --
臺北市：臺灣東販, 2019.06
160面；18.2×25.7公分
譯自：爬虫類・両生類の飼育環境の
つくり方
ISBN 978-986-511-019-2（平裝）

1.爬蟲類 2.兩生類 3.寵物飼養

437.39   108006898

ZOUHOKAITEIBAN HACHURUI・RYOSEIRUI NO
SHIIKUKANKYO NO TSUKURIKATA
©NOBUHIRO KAWAZOE 2018
Originally published in Japan in 2018 by
Seibundo Shinkosha Publishing Co., Ltd., TOKYO.
Chinese translation rights arranged through
TOHAN CORPORATION, TOKYO.